足柄瘤蚜茧蜂控害机理及绿色防控研发应用

刘爱萍　著

U0272284

中国农业科学技术出版社

图书在版编目（CIP）数据

茶足柄瘤蚜茧蜂控害机理及绿色防控研发应用／刘爱萍著．—北京：中国农业科学技术出版社，2020.8

ISBN 978-7-5116-4898-3

Ⅰ.①茶…　Ⅱ.①刘…　Ⅲ.①小茧蜂科-应用-苜蓿蚜-生物防治　Ⅳ.①S476.3 ②S435.659

中国版本图书馆 CIP 数据核字（2020）第 142239 号

责任编辑　李冠桥
责任校对　马广洋

出 版 者　中国农业科学技术出版社
　　　　　北京市中关村南大街 12 号　邮编：100081
电　　话　(010)82109705(编辑室)　　(010)82109702(发行部)
　　　　　(010)82109709(读者服务部)
传　　真　(010)82106625
网　　址　http://www.castp.cn
经 销 者　各地新华书店
印 刷 者　北京建宏印刷有限公司
开　　本　710mm×1 000mm　1/16
印　　张　14　彩插　4 面
字　　数　227 千字
版　　次　2020 年 8 月第 1 版　2020 年 8 月第 1 次印刷
定　　价　98.00 元

《茶足柄瘤蚜茧蜂控害机理及绿色防控研发应用》
著者名单

主　　著　　刘爱萍

参著人员　　刘　敏　　韩海斌　　徐林波　　高书晶

　　　　　　王　宁　　黄海广　　孙程鹏　　陈国泽

　　　　　　甘　霖　　曹艺潇　　岳方正　　徐忠宝

　　　　　　宋米霞　　王梦圆　　张　博　　梁　颖

　　　　　　王海玲　　王文曦　　张园园　　李彦如

　　　　　　李　正　　于凤春　　杨　总

内容简介

　　本书系统地介绍了苜蓿蚜虫优势天敌茶足柄瘤蚜茧蜂控害机理，阐述了茶足柄瘤蚜茧蜂绿色防苜蓿蚜虫技术，包括茶足柄瘤蚜茧蜂的生物学特性发生规律、扩繁技术、滞育贮藏技术、退化复壮技术及田间释放技术等，茶足柄瘤蚜茧蜂滞育分子机制研究，通过转录组学、蛋白组学与代谢组学进行功能分析，从分子层面揭示茶足柄瘤蚜茧蜂滞育的分子机制及控害机理。为实现农药减量和草地生物灾害可持续治理、确保草畜产品安全和生态安全提供了技术保障和典型经验。

前　　言

　　近年来，我国北方草地重要害虫发生与为害逐年加重，严重制约我国草牧业生产和草原生态安全。草地害虫生物防治资源挖掘和技术产品研发应用及绿色防控技术体系的建立，是实现草地生物灾害可持续控制的关键，也是解决农药污染、保护环境、维系生物多样性的保障。然而，大尺度大区域草地重要害虫的绿色防控是实现农药减量和草地生物灾害可持续治理的难点和短板，迫切需要突破核心关键技术和集成系统解决方案。中国农业科学院草原研究所，国家重点研发计划项目政府间国际科技创新合作重点专项（2017YFE0104900）"中美农作物病虫害生物防治关键技术创新合作研究"及国家重点研发计划项目（2017YFD0201000）"牧草害虫寄生性天敌昆虫产品创制及应用"项目的研究团队，长期坚持以人工草地重要害虫的绿色防控为核心，查清了人工草地上主要害虫的发生动态、为害特点和灾变规律，研发了主要优势天敌扩繁及保护利用技术，研制了相关生防产品和应用配套技术，形成了以绿色防控技术为核心的生态控制草地害虫的综合技术体系，实现将重要草地害虫的为害控制在经济阈值以下，实现大幅度减少化学农药施用量和降低农药残留污染，初步解决了草地害虫的猖獗为害和绿色防控技术需求问题，为草原生态生产安全提供了强有力的技术保障。

　　党的十八大以来，以习近平同志为核心的党中央高度重视社会主义生态文明建设，坚持把生态文明建设作为统筹推进"五位一体"总体布局和协调推进"四个全面"战略布局的重要内容。60亿亩①草原是我国陆地面积最大的绿色

---

① 　1亩约为667m²，全书同。

生态屏障，是生态文明建设的主战场，而草原保护管理尤其是生物灾害防控仍然薄弱，对草原生态生产安全构成严重威胁，必须加快科技攻关，补齐短板，不断提升草原重要害虫综合治理能力和绿色防控水平。要牢固树立绿色发展理念，坚持创新驱动，进一步强化草原有害生物的生物防治、物理防治、生态调控技术研发，发展大尺度大区域的草地重要害虫绿色防控技术和模式，进一步强化绿色技术集成与转化应用，为实现农药减量和草地有害生物可持续治理，确保草畜产品安全和生态安全，推动北方生态安全屏障建设提供强有力的科技支撑。

本书详细介绍了苜蓿蚜虫优势天敌茶足柄瘤蚜茧蜂控害机理，阐述了茶足柄瘤蚜茧蜂绿色防控苜蓿蚜虫技术，包括茶足柄瘤蚜茧蜂的生物学特性、发生规律、扩繁技术、滞育贮藏技术、退化复壮技术及田间释放技术等，对茶足柄瘤蚜茧蜂滞育分子机制研究，通过转录组学、蛋白组学和代谢组学进行功能分析，从分子层面揭示茶足柄瘤蚜茧蜂滞育的分子机制及控害机理，内容丰富，数据真实，结论可靠，对草地植物保护研究和草地生产管理的从业人员具有较好的参考价值和实践指导意义。全书共分9章，第一、第二、第三章分别介绍了苜蓿蚜虫绿色防控技术；蚜茧蜂的大量饲养与应用；茶足柄瘤蚜茧蜂扩繁及滞育贮藏技术、防止茶足柄瘤蚜茧蜂种群退化技术及田间释放技术；第四、第五、第六、第七、第八章分别介绍了转录组学、蛋白组学与代谢组学研究现状；茶足柄瘤蚜茧蜂蛹滞育相关的转录组学研究；茶足柄瘤蚜茧蜂蛹滞育相关的蛋白质组学研究；茶足柄瘤蚜茧蜂蛹滞育相关的代谢组学研究；转录组学、蛋白组学与代谢组学研究综合评价；第九章介绍了苜蓿蚜绿色防控技术相关专利。本书还综述草地重要害虫绿色防控技术集成应用实践，旨在为推动构建以绿色防控为核心的北方草地害虫可持续治理技术体系提供理论和实践依据。

本书的相关研究工作和出版得到了中国农业科学院科技创新工程、"十三五"国家重点研发计划项目政府间国际科技创新合作重点专项（2017YFE01049-00）"中美农作物病虫害生物防治关键技术创新合作研究"，"十三五"国家重点研发计划项目（2017YFD0201000）"牧草害虫寄生性天敌昆虫产品创制及应用"

等项目的资助。

限于著者学术水平，书中疏漏和不足之处恐难避免，敬请广大读者批评指正。

著　者

2020 年 5 月于呼和浩特

目　　录

第一章　苜蓿蚜虫绿色防控技术

第一节　苜蓿蚜绿色防控现状

苜蓿是我国种植面积最大的人造牧草，在世界上被称为"牧草之王"，不仅能保持水土，培肥地力，改善生态环境，还具有较高的经济效益。随着苜蓿在我国种植面积的迅速扩大，病虫害防治问题日渐突出。研究表明，苜蓿蚜 *Aphis craccivora* 是内蒙古地区为害苜蓿的优势种，可使苜蓿减产达 41.3% ~ 50.5%（特木尔布和等，2005）。长期以来对苜蓿蚜主要进行化学防治，但由于其个体小，繁殖力强、世代重叠严重，致使苜蓿蚜再猖獗（徐文娟等，1998；刘金平等，1995）。如何能不污染环境，有效控制害虫，生产出无公害的优质苜蓿产品，是人们关注的焦点。生物防治是当前有效控制害虫且对环境友好的最佳方式。由于化学农药的长期使用，一些害虫已经产生很强的抗药性，许多害虫的天敌又大量被杀灭，致使一些害虫十分猖獗。许多种化学农药严重污染水体、大气和土壤，并通过食物链进入人体，为害人群健康。

生物防治是指利用某些能寄生于害虫的昆虫、真菌、细菌、病毒、原生动物、线虫以及捕食性昆虫和螨类、益鸟、鱼类、两栖动物等来抑制或消灭害虫，利用抗生素来防治病原菌，即以虫治虫、以菌治虫、以菌制菌，以菌治病等。生物防治的最大优点是不污染环境，是农药等非生物防治病虫害方法所不能比的。利用生物防治病虫害，不污染环境，不影响人类健康，具有广阔的发展前景。利用生态系统中各种生物之间相互依存、相互制约的生态学现象和某些生物学特性，以防治为害农业、仓储、建筑物和人群健康的生物的措施。

利用生物防治害虫，在中国有悠久的历史，公元 304 年左右晋代嵇含著《南方草木状》和公元 877 年唐代刘恂著《岭表录异》都记载了利用一种蚁防治柑橘害虫的事例。19 世纪以来，生物防治在世界许多国家有了迅速发展。

利用生物防治病虫害，就能有效地避免上述缺点，因而具有广阔的发展前途。多项研究显示，应用天敌昆虫对害虫进行防治具有较好的效果。天敌昆虫又可依其取食方式分为捕食性天敌昆虫和寄生性天敌昆虫。捕食性天敌昆虫，以害虫为食，有的咀嚼吞下，有的吸食，如瓢虫、草蛉、蚂蚁、蜻蜓、步甲、螳螂等。有的在害虫防治上发挥着重要作用，如瓢虫防治蚧虫和蚜虫；寄生性天敌昆虫，这类昆虫寄生于害虫体内或体外，以其体液和组织为食，使害虫致死。主要包括寄生蜂和寄生蝇。寄生蜂是专门寄生在其他昆虫体内为生的蜂类。是目前生物防治中以虫治虫应用较广、效果显著的天敌。如赤眼蜂防治松毛虫、梨小食心虫等。寄生蝇多寄生在蝶蛾类的幼虫或蛹内，以其体内养料为食，使其死亡。

膜翅目蚜茧蜂亚科 Aphidiinae 和蚜小蜂科 Aphelinidae 的寄生性天敌对蚜虫有一定的控制作用（Eller et al.，2010；耿淑影，2011）。近几年内蒙古地区的田间调查发现，茶足柄瘤蚜茧蜂 Lysiphlebus testaceipes 是苜蓿蚜的优势寄生性天敌，对控制苜蓿蚜有重要作用（郑永善和唐保善，1989；刘爱萍等，2012）。为防治苜蓿蚜需要大量繁殖茶足柄瘤蚜茧蜂，蜂种的长期贮存是该蜂繁殖应用中的重要环节，采用传统继代繁殖的方法，蜂源容易退化，且不易长期冷藏，一般储存 1 个月以后，便不能羽化或羽化的蜂生活力弱。通过改进繁殖技术，人为诱导该蜂进入稳定滞育状态，能使其经长期冷藏后再解除滞育而不失活力，可延长贮存期，保证田间散放优质蜂，提高防治效果。

滞育是昆虫发育中一种内在较稳定的遗传特性。昆虫可通过滞育来度过不良环境，维持种群和个体的生存（Denlinger，2002；Brown and Phillips，1990）。大量研究证明，温度和光周期及两者间的相互作用是诱导昆虫滞育的主要因子。目前已证明包括寄生蜂在内的几百种昆虫的滞育与温度和光周期变化有关（李秉钧等，1963）。前人仅对茶足柄瘤蚜茧蜂作过一些野外调查和简单的生物学研究（郑永善和唐保善，1989；黄海广等，2011），未见滞育方面的研究。本研究对茶足柄瘤蚜茧蜂滞育诱导的条件和滞育僵蚜的贮存进行了研究。通过滞育诱导技术，解决及时提供蜂源的技术问题，为茶足柄瘤蚜茧蜂的大量释放提供便利条件，为规模化生产提供科学依据。同时对滞育的与非滞育的茶足柄瘤蚜茧蜂进行转录组学、蛋白质组学、代谢组学研究，筛选出差异表达基因、差异蛋白及差异标志代谢物，并对这些基因、蛋白、代谢物进行功能分析，试图深入分析与昆虫滞育发生相关的滞育关联基因、蛋白、代谢物的表达特点、参与滞育调控的途径及其机理。旨在从分子层面解释滞育发生的原因、引起的茶足柄瘤蚜茧蜂代谢途径及机理的变化，三大组学联合分析，从而构建茶足柄瘤蚜茧蜂滞育的分子调控网络，以期为茶足柄瘤蚜茧蜂乃至小型寄生蜂的滞育研究提供一定的理论依据和研究方向。

第二节　苜蓿蚜虫分布发生规律

苜蓿蚜虫，蚜科蚜属的一种昆虫。苜蓿蚜为害豆科牧草，分布于甘肃省、新疆维吾尔自治区（全书简称新疆）、宁夏回族自治区（全书简称宁夏）、内蒙古自治区（全书简称内蒙古）、河北省、山东省、四川省、湖南省、湖北省、广西壮族自治区（全书简称广西）、广东省；苜蓿蚜虫是一种暴发性害虫，为害的植物有苜蓿、红豆草、三叶草、紫云英、紫穗槐、豆类作物等，多群集于植株的嫩茎、幼芽、花器各部上，吸食其汁液，造成植株生长矮小，叶子卷缩、变黄、落蕾，豆荚停滞发育，发生严重，植株成片死亡。

苜蓿蚜一年发生数代至20余代。温度是影响蚜虫繁殖和活动的重要因素。苜蓿蚜繁殖的适宜温度为16~23℃，最适温度为19~22℃，低于15℃和高于25℃，繁殖受到抑制。耐低温能力较强，越冬无翅若蚜在-12~14℃下持续12h，当天均温回升到-4℃时，又复活动。无翅成蚜在日均温-2.6℃时，少数个体仍能繁殖。大气湿度和降水是决定蚜虫种群数量变动的主导因素。在适宜的温度范围内，相对湿度在60%~70%时，有利于大量繁殖，高于80%或低于50%时，对繁殖有明显抑制作用。天敌主要有瓢虫、食蚜蝇、草蛉、蚜茧蜂、蜘蛛等。在自然条件下，天敌比蚜虫发生晚，但中、后期数量增多，对蚜虫发生有明显的控制作用。

一、苜蓿蚜发生规律与防控

苜蓿蚜主要为害豆科牧草，分布于甘肃、新疆、宁夏、内蒙古、河北、山东、四川、湖南、湖北、广西、广东。苜蓿蚜虫是一种刺吸式害虫，为害的植物有苜蓿、紫云英、红豆草、三叶草、紫穗槐、豆类作物等，多群集于植株的嫩茎、幼芽、花器各部上，吸食其汁液，造成植株生长矮小、叶子卷缩、变黄、落蕾，豆荚停滞发育，发生严重，植株成片死亡。

在内蒙古中西部地区，越冬苜蓿蚜在翌年4月下旬到5月上旬气温回升时开始孵化。5月下旬到6月中旬是苜蓿蚜发生为害的高峰期，此期间气温适宜（平均气温为20℃左右），干燥少雨，适合苜蓿蚜的发生。7月下旬气温升高，降水增多，天敌种类及数量增加，苜蓿蚜的发生量大大下降，且产生有翅胎生蚜。10月上旬或中旬，苜蓿蚜产生性蚜，交尾产卵，以卵越冬。

苜蓿蚜的发生、繁殖、虫口密度及为害程度与气温、湿度和降水有一定关系。气温回升的早晚和高低是影响苜蓿蚜活动早晚和发生数量的主要因素。苜蓿蚜的越冬卵的旬均温10℃以上时开始孵化繁殖。旬均温在15~25℃时均可发生为害，其最适温度范围为18~23℃。气温高于28℃时蚜虫数量下降，最高气温高于35℃并连续出现高温天气时苜蓿蚜不发生或很少发生。湿度决定苜蓿蚜种群数量的变动。在适宜温度（18~23℃）下，湿度为25%~65%时苜蓿蚜均能发生为害，只是发生程度不同。湿度大，发生数量少，产生为害轻；湿度小，发生数量大，为害严重。

降水也是影响苜蓿蚜发生数量的主要因子，它不仅影响大气湿度，从而影响苜蓿蚜的种群动态，而且可以起到冲刷蚜虫的作用，降水对苜蓿蚜数量的变化的影响与降水强度和历时有关。降水历时长，可明显减少蚜虫数量降水历时短，强度小，对蚜虫数量变化影响较小。

目前，防治苜蓿蚜仍然以化学防治为主，但由于苜蓿蚜个体微小，繁殖力强、世代重叠严重，并已对有机磷和合成菊酯类农药产生抗药性，因此利用化学杀虫剂防治极其困难。此外，化学农药的使用也给环境和人畜造成很大的污染和毒害作用。鉴于苜蓿蚜为害日趋严重，如何进行有效的治理和控制已引起了广泛的重视，研究探寻减少化学农药的使用、保护生态环境、长效防治苜蓿蚜的方法和措施有着重要的现实意义。对有害昆虫进行生物防治是控制虫害的重要手段。

蚜茧蜂作为害虫天敌在害虫生物防治发展历史中具有重要地位。目前随着温室栽培、设施园艺的兴起，蚜茧蜂同样也是这些温室蔬菜、观赏园艺植物上很好的生物防治资源。应用蚜茧蜂，首要解决的问题是进行保种，然后室内繁殖，在田间释放前，则需要人工大量扩繁，以保证天敌种群的数量。因此，开展蚜茧蜂的人工规模化饲养是蚜茧蜂利用研究的前提。目前最有效的方法是通过饲养蚜茧蜂的天然寄主来繁殖蚜茧蜂。由于饲养天然寄主易受到季节、成本高等因素的影响，国内外学者进行了人工饲料的大量研究，试图用人工饲料替代天然猎物来繁殖蚜虫。用人工饲料饲养昆虫作为昆虫学研究的基本技术之一，此法不受寄主、季节的限制，可以繁育一定种类的目标昆虫，直接用于昆虫营养生理、昆虫生物学以及害虫防治的研究。

利用蚜茧蜂防治蚜虫，克服了天敌的跟随效应，能够取得一劳永逸的效果，已有许多利用蚜茧蜂控制蚜虫为害的成功事例。在20世纪50年代中期，豌豆无网 *Acyrthosiphon pisum* 直接为害和传播病毒使美国的重要牧草——苜蓿受害，严重减产。美国从国外引进多种蚜茧蜂，其中从印度引进的史密斯蚜茧蜂 *Aphidius smithi* 获得成功后，这一成功事例促使许多国家和地区应用蚜茧蜂进行生物防治控制其他蚜虫的试验。20世纪60年代，在多年采用化学防治无法控制加利福尼亚州的核桃黑斑蚜 *Chromaphis juglandicola* 为害的情况下，从生态条件相似的伊朗内陆地区引进榆三叉蚜茧蜂 *Trioxys pallidus*，经过4年的释放、定植而建立了自然种群，也获得了显著的经济效益和生态效益20世纪70年代后期，南美洲的智利为了防治小麦及玉米等禾本科作物上的蚜虫都取得了一定的效果。同时大量繁殖、释放菜蚜茧蜂 *Diaeretiella rapae* 防治菜缢管蚜 *Rhopalosiphum pseudobrassicae* 也获得成功。在田间用塑料薄膜简易温室连续繁殖烟蚜茧蜂 *Aphidius gifuensis* 并释放于烟田，防治效果可达93.3%，用萝卜作为饲养繁殖烟蚜 *Myzus persicae* 的室内寄主植物，再以此大量繁殖烟蚜茧蜂，释放到塑料大棚内用以防治辣椒和黄瓜上蚜虫获得显著效果，培育清洁萝卜苗、防治大量蚜虫、接蜂的合理安排能够大批量生产桃蚜茧蜂 *Aphidius gifuensis*，从而防治大棚内棉蚜 *Aphis gossypii*，取得了显

著的成效。邓建华等采用"两代繁蜂法"，得出了蜂蚜比 1 : 100、蚜量 2 000~
3 000头/株时，利用田间小棚种植烟株饲养烟蚜繁殖烟蚜茧蜂，获得的僵蚜数量
可达到 8 000个/株以上在温室进行烟蚜茧蜂的规模化繁殖，能够获得大量的僵
蚜，在烟田释放，从而降低烟蚜数量。

二、苜蓿蚜天敌资源

调查发现苜蓿蚜的天敌种类有 20 多种，主要包括寄生性天敌和捕食性天敌
两类。苜蓿蚜的寄生性天敌主要是膜翅目的寄生蜂，如茶足柄瘤蚜茧蜂等。苜蓿
蚜的捕食性天敌种类丰富，主要包括瓢虫、食蚜蝇、草蛉等。据有关资料及近年
来的调查，认为茶足柄瘤蚜茧蜂是苜蓿蚜若虫期的重要的寄生性天敌，属膜翅
目，蚜茧蜂科，是内寄生的寄生蜂，野外寄生率较高，对控制苜蓿蚜有重要作
用，是其中最有潜力的天敌。但这些天敌在自然情况下，常是在蚜量的高峰之后
才大量出现，故对当年蚜害常起不到较好的控制作用，而对后期和越夏蚜量则有
一定控制作用。在自然条件下，天敌比蚜虫发生晚，但中、后期数量增多，对蚜
虫大发生有明显的控制作用。

第二章　蚜茧蜂的大量饲养与应用

第一节　蚜茧蜂应用

蚜茧蜂科 Aphidiidae 是节肢动物门、有颚亚门、六足总纲、昆虫纲、有翅亚纲、膜翅目的一科，通称蚜茧蜂。全世界已知有 35 属，400 余种。中国已知有 4 个亚科，18 个属，100 余种。

忻亦芬在 1986 年首先用萝卜苗繁殖烟蚜，再利用烟蚜大量繁殖烟蚜茧蜂，防治辣椒和黄瓜上蚜虫成效显著。2003 年蒋杰贤等使用萝卜苗生产桃蚜，并通过桃蚜作为寄主，生产桃蚜茧蜂，释放在棉田中，棉蚜 Aphis gossypii 数量下降。邓建华等在 2006 年采用"两代繁蜂法"，可以大量的繁殖烟蚜茧蜂。同年，王树会和魏佳宁在温室内繁殖烟蚜茧蜂，可以得到数量可观的僵蚜，并释放于烟田，使田间烟蚜自然种群数量得以降低。

寄生蜂属于膜翅目细腰亚目，农林植物的害虫多为他们的寄生对象，利用寄生蜂对害虫进行生物防治是很好的一种方法。羽化后的雌蜂需要寻找产卵对象。

在一般情况下，寄主取食植物的气味，强烈吸引着寄生蜂，寄生蜂以此为信息，先找到一个栖息地，然后寻找寄主。1970 年有研究者指出，菜少脉蚜茧蜂 Diaeretiella rapae 被芸薹属 Brassica 植物的气味所吸引，从而容易找到寄主甘蓝蚜 Brevicoryne brassicae；寄主生境对寄生蜂的攻击起到吸引作用，同时把这一现象称为栖息地偏好。寄生蜂搜索寄主生境的主要因素是栖境偏好。

一、寄生蜂对寄主的选择

寄生蜂对已寻找到的寄主还有一定的选择性。1975 年 Vinson 提出寄生蜂寄生寄主选择性的决定因子包括：寄主的认定和寄主的区别。寄生蜂搜寻到寄主后，首先对检验寄主，判断寄主的各条件是否适合寄生或已被寄生，以免影响后代发育和过寄生。寄生蜂检验寄主是通过视觉、触角和产卵器对寄主的适合度作出判断，最后作出决定。若寄主不适合，则放弃寄主，寄生蜂重新寻找其他寄主。

寄主的龄期对寄生蜂的寄生有很大影响，具体表现为寄主对各个龄期的寄生喜好性。甘明在研究日本柄瘤蚜茧蜂 *Lysiphlebus japonicus* 时得出了一定的结论，龄期较小的寄主最容易被寄生，寄生率最高的是 2 龄幼虫，其次是 1 龄幼虫，李元喜和刘树生在 2001 年得出，菜蛾绒茧蜂 *Cotesia plutellae* 在寄生时，对 1 龄、2 龄和 4 龄的寄生率均较低，而对 3 龄小菜蛾 *Plutella xylostella* 的寄生率却很高，2005 年，张李香和吴珍泉指出，啊氏啮小蜂 *Tetrastichus hagenowii* 喜好寄生美洲大蠊 *Periplaneta americana* 的低龄卵荚，卵荚日龄越长，寄生率会越来越低，最后基本不寄生，菜蛾绒茧蜂 *Cotesia plutellae* 和微红绒茧蜂 *Apanteles rubecula* 对寄主的选择性表现为，主要选择 1 龄的菜粉蝶 *Pieris rapae* 进行寄生，对其他龄期的幼虫寄生率较低，二化螟绒茧蜂 *Apanteles chilonis* 却对低龄的寄主不是太喜欢，反而对 4 龄的二化螟 *Chilo supperssalis* 的寄生率很高。寄主龄期对寄生蜂的寄主接受性和适合性有很大的影响。不同的龄期的寄主，体内含物也不同，所以影响寄生蜂对龄期的选择，有时可能是因为寄生时的处理时间会很长，所以对龄期有选择性。寄生蜂选择一定的寄主进行寄生，关键是由于寄主的寄生适合性。龄期低的寄主含营养物质虽少，却更适合寄生蜂幼虫的发育。

寄生蜂的寄生与寄主大小相关，寄主个体的大小是决定寄生蜂适合性的一个重要因素，2001 年，王琛柱发现棉铃虫齿唇姬蜂 *Campoletis chlorideae* 在寄生寄主时，个体较小的寄主优先被考虑寄生，对于个体大的寄主则表现出不喜欢寄生，在中红侧沟绒茧蜂 *Microplitis mediator* 选择寄主寄生时，被刘晓侠等发现，寄生蜂也是非常喜欢寄生个体较小的寄主。由于在寄生蜂发育的整个过程中，能给其提供营养的是寄主，寄主体型的大小之分，对蚜茧蜂的整个发育有很大影响。

二、烟蚜茧蜂的繁殖技术

例如，寄主植物的种植，就是烟苗的培育，是成功繁殖烟蚜茧蜂的开始。关键技术是如何饲养数量很多的寄主，即烟蚜，因为烟蚜是烟茧蜂的活体寄主。最后也是该技术的核心内容，寄生蜂的大量培养，也就是得到所谓数量可观的烟蚜茧蜂。整个培养过程需要在温室内进行，温室的温度需要保持在22~28℃，同时对湿度也有很高的要求，相对湿度为50%~70%，利用日光灯为光源，每天给予光照16h；黑暗8h，在这样的条件下进行烟苗、烟蚜和烟蚜茧蜂种群的扩增，首先利用水培法培育一定量的烟苗，待其长出5片叶左右时，移栽进花盆中，每盆移入适量烟苗，同时等到每盆烟苗上烟蚜的数量在150头左右时，把无翅成蚜或有翅成蚜用人工接蜂法接入，接入的烟蚜茧蜂为刚羽化且交配过的雌雄蜂各15头。上述整个过程繁殖出来的烟蚜茧蜂可进行进一步的大量扩繁。在相同条件下，把带有烟蚜烟的烟苗花盆放入温室内，让烟蚜进行自然繁衍，最后以蜂蚜比为1∶10的比例放入烟蚜茧蜂，为了给寄生蜂提供营养，在温室内挂上自制的带有蜂蜜水的棉球，利于寄生蜂的营养补充，对寄生蜂的寿命和寄生能力有很大帮助。在接入烟蚜茧蜂蜂种2d之后，把全部的烟蚜连同寄主植物烟苗一起移到另一个温室内进行培养，经过8d后，烟蚜大部分都能形成僵蚜。最后是实践应用，将试验中培养出来的带有僵蚜的烟株散落的放在需要防治的烟苗田间，以达到生物防治的效果。

三、寄生蜂防治苜蓿蚜虫技术

苜蓿蚜成虫4月下旬至5月初出蛰开始产卵，到5月中旬若虫出现，至7月上旬，苜蓿蚜的虫口数量增长很快，茶足柄瘤蚜茧蜂的寄生率也随之增加。7月中旬寄生率为61%~75%，8月初寄生率最高可达84%。人为释放结合自然天敌可以很好控制苜蓿蚜虫的为害。

目前国内外对茶足柄瘤蚜茧蜂的研究报道不多。黄海广等对茶足柄瘤蚜茧蜂的生物学特性和生态学特性进行了大量研究；虽然当前茶足柄瘤蚜茧蜂开展了大量的基础性研究工作，但有关茶足柄瘤蚜茧蜂人工扩繁的研究却还比较薄弱。

茶足柄瘤蚜茧蜂属于膜翅目 Hymenoptera、蚜茧蜂科 Aphidiidea，蚜茧蜂属 *Aphidius*，是苜蓿蚜的优势内寄生蜂，在田间主要寄生苜蓿蚜低龄若虫。寄主蚜虫种类广泛。包括经济作物谷类上的重要害虫，麦二叉蚜 *Schizaphis graminum*。这种寄生蜂最初于 1970 年从古巴引进法国南部，在地中海的法国、意大利和西班牙迅速传播蔓延。茶足柄瘤蚜茧蜂是一种极具生物防治潜力的天敌昆虫，对控制苜蓿蚜的种群数量起着重要作用。

茶足柄瘤蚜茧蜂的成虫将卵产于蚜虫体内，其幼虫孵出后在蚜虫体内取食寄生，并使蚜虫失去活动能力，形成僵蚜。茶足柄瘤蚜茧蜂在僵蚜体内成熟后，结茧、化蛹直到羽化，再自然交配后又寻找新的蚜虫产卵，周而复始。生物防治工作道理很简单，但技术上却难以控制。黄海广等对茶足柄瘤蚜茧蜂寄主、种群动态、形态、交配与产卵、发育、寿命、性比等方面做了大量研究工作。

多年来，前人对茶足柄瘤蚜茧蜂的研究做出了重要贡献。目前找到的最早的关于茶足柄瘤蚜茧蜂的研究是 1909 年，Hunter 和 Glenn 在堪萨斯州尝试用茶足柄瘤蚜茧蜂来防治麦二叉蚜，但由于缺乏对该蜂的生物学与生态学特性的了解，最终导致放蜂失败。1972 年，Starks 等分别在大麦抗性和感性品种上建立了多个茶足柄瘤蚜茧蜂-麦二叉蚜蜂蚜比不同的混合试验种群，结果表明，混合试验种群在中抗品种上，少量释放该蜂即可对蚜虫数量起到明显的控制作用。

我国研究人员在陕西对茶足柄瘤蚜茧蜂进行了引种放蜂试验，在棉田放蜂 21 307头，结果显示 172 头棉蚜僵蚜出蜂，没有引进蜂；小麦田放蜂 11 509头，34 头禾谷纵管蚜僵蚜出蜂，有 1 头引进蜂，311 头麦二叉蚜僵蚜出蜂，有 1 头引进蜂；在杂草地放蜂 2 933头，420 头豆蚜僵蚜出蜂，有 6 头引进蜂；在植物园放蜂 19 562头，僵蚜出蜂全部为引进蜂。根据此次的结果，研究了影响该蜂在陕西定殖的主要因素（郑永善和唐宝善，1989）。后来随着对茶足柄瘤蚜茧蜂寄主、种群动态、形态、交配与产卵、发育、性比等方面的研究（黄海广，2012），以及预测该蜂发育历期，探索滞育诱导的条件，测定其体内的生化物质（孙程鹏，2018），我们才逐渐对该蜂加深认识。

第二节　茶足柄瘤蚜茧蜂的生物学特性与发生规律

茶足柄瘤蚜茧蜂化蛹后，僵蚜的体色逐渐变为黄褐色，在成虫羽化时，体色加深，此时僵蚜体内成虫已经发育完全，并且用口器从内部在苜蓿蚜的两腹管间咬一圆形的孔洞，即羽化孔。成虫从僵蚜中缓慢爬出，在僵蚜上停留为50s至2min，同时不断振翅，直至双翅完全展开，便飞离僵蚜。茶足柄瘤蚜茧蜂在交尾开始时，雄蜂主动追逐雌蜂，待其爬上雌蜂身体后，用两触角快速交替撞击雌蜂触角，两翅竖立于体背方频频振动，表现出十分兴奋的状态。交尾开始后，雄蜂两触角自上而下有节奏地摆动，雌蜂多静止不动。交尾完毕后，雄蜂离开雌蜂，雌蜂静待片刻后缓慢爬行，寻找寄主产卵。交尾时间可持续7~20s。

茶足柄瘤蚜茧蜂在产卵时，主要依靠嗅觉作用寻找寄主。雌蜂在爬行的同时，用触角不停敲击，当接近寄主蚜虫时，并摆动触角，爬行速度明显变慢，直到触角发现蚜虫，停止爬行，表现出产卵行为。产卵时，雌蜂用两触角轻轻碰触蚜虫身体后，确认寄主。而后身体保持平衡，腹部向下向前弯曲，从足间伸过头部，对准蚜虫两腹管间猛烈一刺，把卵产入蚜虫体内，完成产卵。整个产卵过程持续2~3s。在通常情况下，雌蜂连续产十几粒卵后，静止片刻，然后用足和口器清洁触角和产卵器，用后足整理翅的正反面，之后继续产卵。茶足柄瘤蚜茧蜂的昼夜羽化节律，一天中的羽化规律：一天中有两个羽化高峰期，分别在6：00—8：00 和 6：00—8：00。上午羽化高峰期（6：00—8：00），雌蜂羽化数量相对较多；而下午羽化高峰期（18：00—20：00），雄蜂羽化数量相对较多。

茶足柄瘤蚜茧蜂与苜蓿蚜种群消长规律如下。

茶足柄瘤蚜茧蜂在呼和浩特地区一年完成18~20代。如图2-1所示，苜蓿蚜成虫4月下旬至5月初出蛰开始产卵，到5月中旬若虫出现，此时被茶足柄瘤蚜茧蜂寄生的苜蓿蚜若虫数量也不断增加，到6月下旬其寄生率可达25%~30%。至7月上旬，苜蓿蚜的虫口数量增长很快，茶足柄瘤蚜茧蜂的寄生率也随之增加。7月中旬寄生率为61%~75%，8月初寄生率最高可达84%。8月中下旬随苜蓿蚜，虫口数的显著降低，茶足柄瘤蚜茧蜂的数量也急剧下降，而9月其数量稍有上升，10 月蚜虫急剧下降，茶足柄瘤蚜茧蜂随之降低。

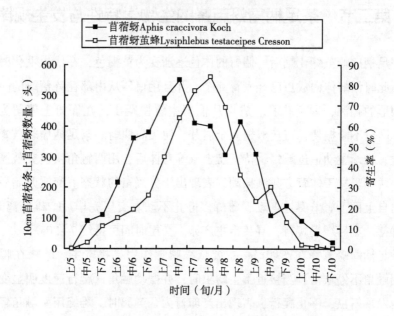

图 2-1　苜蓿蚜及茶足柄瘤蚜茧蜂田间自然种群消长规律

一、茶足柄瘤蚜茧蜂的行为特征

1. 寄生行为

茶足柄瘤蚜茧蜂化蛹后，僵蚜的体色逐渐变为黄褐色，在成虫羽化时，体色加深，此时僵蚜体内成虫已经发育完全，并且用口器从内部在苜蓿蚜的两腹管间咬一圆形的孔洞，即羽化孔。成虫从僵蚜中缓慢爬出，在僵蚜上停留 50s 至 2min 同时不断振翅，直至双翅完全展开，便飞离僵蚜。

2. 交尾行为

茶足柄瘤蚜茧蜂在交尾开始时，雄蜂主动追逐雌蜂，待其爬上雌蜂身体后，用两触角快速交替撞击雌蜂触角，两翅竖立于体背方频频振动，表现出十分兴奋的状态。交尾开始后，雄蜂两触角自上而下有节奏地摆动，雌蜂多静止不动。交尾完毕后，雄蜂离开雌蜂，雌蜂静待片刻后缓慢爬行，寻找寄主产卵。交尾时间可持续 7~20s。

3. 寄生行为

茶足柄瘤蚜茧蜂在产卵时,主要依靠嗅觉作用寻找寄主。雌蜂在爬行的同时,用触角不停敲击,当接近寄主蚜虫时,并摆动触角,爬行速度明显变慢,直到触角发现蚜虫,停止爬行,表现出产卵行为。产卵时,雌蜂用两触角轻轻碰触蚜虫身体后,确认寄主。而后身体保持平衡,腹部向下向前弯曲,从足间伸过头部,对准蚜虫两腹管间猛烈一刺,把卵产入蚜虫体内,完成产卵。整个产卵过程持续 2~3s。通常情况下,雌蜂连续产十几粒卵后,静止片刻,然后用足和口器清洁触角和产卵器,用后足整理翅的正反面,之后继续产卵。

二、茶足柄瘤蚜茧蜂性比的研究

依据田间调查结果,田间自然种群在 6—8 月雌雄性比值均呈上升趋势,最低雌雄性比值在 6 月,为 1.58∶1;最高雌雄性比值在 8 月,为 2.67∶1。自然条件下,雌雄性比一般大于 1(表 2-1)。

表 2-1 茶足柄瘤蚜茧蜂自然性比调查

年份(年)	2010			2011		
月份(月)	6	7	8	6	7	8
羽化蜂数(头)	207	187	263	218	289	257
♀∶♂	1.58∶1	1.83∶1	2.21∶1	1.65∶1	1.70∶1	2.67∶1

三、茶足柄瘤蚜茧蜂的昼夜羽化节律

从图 2-2 中可以看出,茶足柄瘤蚜茧蜂一天中的羽化规律:一天中有两个羽化高峰期,分别为 6∶00—8∶00 和 18∶00—20∶00。上午羽化高峰期(6∶00—8∶00),雌蜂羽化数量相对较多;而下午羽化高峰期(18∶00—20∶00),雄蜂羽化数量相对较多。

四、茶足柄瘤蚜茧蜂对寄主的寄生选择性

在对各个龄期寄生中,茶足柄瘤蚜茧蜂最喜好寄生 2 龄苜蓿蚜,2 龄若蚜相

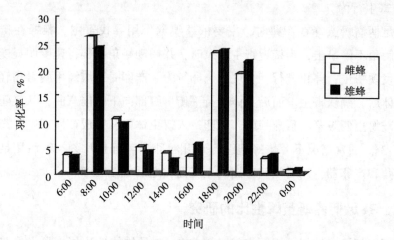

图 2-2　茶足柄瘤蚜茧蜂羽化节律

对被寄生率最高，达 41.96%，选择系数最大，为 0.146 4；其次是 1 龄若蚜；4 龄若蚜的相对被寄生率最低，仅为 14.95%，选择系数也最小，为 0.050 3。结果表明，茶足柄瘤蚜茧蜂喜好寄生低龄若蚜，其中最喜好寄生 2 龄若蚜（表 2-2）。

表 2-2　茶足柄瘤蚜茧蜂对不同龄期苜蓿蚜寄生的选择性

苜蓿蚜龄期	寄生数（头）	相对被寄生率（%）	选择系数
1	4.8268（±0.5494）Ab	32.61（±3.06）Bb	0.1183（±0.013）Ab
2	5.6168（±0.9222）Aa	41.96（±6.14）Aa	0.1464（±0.011）Aa
3	2.8158（±0.6009）Bc	19.17（±3.09）Cc	0.0666（±0.014）Bc
4	2.0440（±0.7099）Bc	14.95（±4.16）Cc	0.0503（±0.018）Bc

　　注：同列数据后不同大写字母表示 0.01 水平上差异显著、不同小写字母表示 0.05 水平上差异显著，下同。

五、茶足柄瘤蚜茧蜂雌蜂对已寄生寄主的识别能力

　　通过观察发现，茶足柄瘤蚜茧蜂产卵时对已寄生的寄主没有识别能力。发现苜蓿蚜后即对其变现产卵行为，同时对僵蚜也寄生。观察中发现同 1 头雌蜂对同 1 头蚜虫在很短的时间间隔内进行了 2 次连续的产卵；观察中同时发现，在同一

寄主苜蓿蚜的两侧，同时有两头雌蜂分对其产卵。

因为茶足柄瘤蚜茧蜂对已寄生的寄主苜蓿蚜无识别能力，所以在自然界和试验室中寄主体内的寄生卵不止1粒，即所谓的过寄生现象。然而在寄主苜蓿蚜体内，只有1粒卵才能发育，最终羽化成蜂，所以对寄生蜂卵而言，这是一种很严重的浪费现象，但同时有研究者指出，多粒卵的相互竞争机制使得更优秀的后代得以繁衍，是对寄生蜂繁衍后代的一种有利现象。

观察中曾多次发现茶足柄瘤蚜茧蜂对寄主苜蓿蚜的脱皮表现出一定的产卵行为，这一现象表明蚜虫蜕中含有一定的物质吸引寄生蜂对其寄生，该物质的成分未确定。

六、茶足柄瘤蚜茧蜂对不同寄主的选择

试验结果（表2-3）表明，茶足柄瘤蚜茧蜂对寄主有一定的选择性，在提供苜蓿蚜和玉米蚜时能被茶足柄瘤蚜茧蜂雌蜂所寄生，不能在供试的寄主麦长管蚜和桃蚜上产卵。

当提供苜蓿蚜和麦长管蚜为寄主时，茶足柄瘤蚜茧蜂只集中在苜蓿蚜上表现产卵行为，对麦长管蚜无趋性；当提供苜蓿蚜和桃蚜为寄主时，茶足柄瘤蚜茧蜂只集中在苜蓿蚜上表现产卵行为，对桃蚜无趋性；当提供玉米蚜和麦长管蚜为寄主时，茶足柄瘤蚜茧蜂只集中在玉米蚜上表现产卵行为，对麦长管蚜无趋性；当提供玉米蚜和桃蚜为寄主时，茶足柄瘤蚜茧蜂只集中在玉米蚜上表现产卵行为，对桃蚜无趋性。

表 2-3　茶足柄瘤蚜茧蜂对寄主的选择

组别	寄主类型	寄生率（%）
A	苜蓿蚜	89.54
B	玉米蚜	86.39
C	麦长管蚜	0
D	桃蚜	0
E	苜蓿蚜	88.48
	麦长管蚜	0

（续表）

组别	寄主类型	寄生率（%）
F	苜蓿蚜	87.96
	桃蚜	0
G	玉米蚜	86.21
	麦长管蚜	0
H	玉米蚜	85.86
	桃蚜	0

七、低温冷藏对茶足柄瘤蚜茧蜂羽化率和寄生能力的影响

试验结果如表2-4所示，在5℃条件下冷藏茶足柄瘤蚜茧蜂蛹对其羽化率影响显著，表现出羽化率随冷藏时间的延长逐渐降低的规律。与对照组进行比较，5d、10d、15d冷藏时间的羽化率与其差异不显著，冷藏时间在20d以后的羽化率与对照组相比显著下降且差异显著，其中冷藏30d后羽化率降为61.52%。

表2-4　5℃冷藏对茶足柄瘤蚜茧蜂羽化和成蜂寄生能力的影响

冷藏时间（d）	羽化率（%）	成蜂寿命（d）		产卵量（粒）	产卵期（d）
		♀	♂		
5	86.01±3.16Aa	17.51±0.68AaBb	13.68±0.49 AaBb	41.62±3.07 Aa	5.30±0.47Ab
10	85.93±3.14 Aa	17.11±0.71AaBbc	13.29±0.54 ABbc	40.25±2.13 Aa	5.23±0.48 Aab
15	85.88±3.12 Aa	17.08±0.65 AaBbc	13.17±0.86 ABbc	40.01±2.63 Aa	4.48±0.46 Aab
20	74.71±2.47Cc	15.64±0.71Bb	11.24±0.87 ABbc	39.27±2.85 Aa	4.57±0.67 Ab
25	71.37±2.35Cd	14.81±0.73Bb	10.04±0.68Bbc	38.75±4.41 Aa	4.67±0.56 Aab
30	61.52±1.84De	12.54±0.59 Cc	9.45±0.83 Bc	38.12±4.38 Aa	4.53±0.75 Ab
CK	86.21±2.63Aa	17.71±0.55Aa	14.24±0.75 Aa	39.48±2.58 Aa	5.27±0.32 Aa

茶足柄瘤蚜茧蜂蛹在冷藏5d、10d、15d后羽化雌蜂的寿命与对照组差异不显著；冷藏25d、30d后羽化的雌蜂寿命缩短，冷藏30d的处理组显著降低，仅为12.54d。雄蜂寿命比雌蜂寿命在各冷藏期均低，规律与雌蜂相似，前3组处理

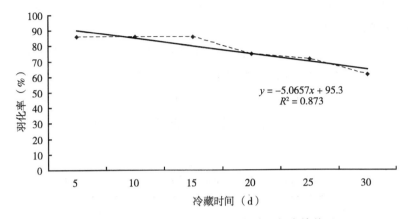

图 2-3　冷藏时间与茶足柄瘤蚜茧蜂羽化率的关系

与对照组差异不显著。羽化率与冷藏时间的长短有显著相关性，可进行拟合（图 2-3）。

茶足柄瘤蚜茧蜂蛹的羽化率与冷藏时间的线性关系模型如图 2-3 所示。

设：y＝羽化率，x＝冷藏时间

则 $y=-5.0657x+95.3$，其中相关系数 $r=-0.9343$。

方程中相关性极显著，所以在冷藏 5～30d 蛹的羽化率和时间的关系可以用该方程表示，即冷藏时间越长，茶足柄瘤蚜茧蜂蛹的羽化率越低，两者呈负相关关系。

茶足柄瘤蚜茧蜂单雌产卵量表和产卵期与对照组差异不显著（表 2-4），说明短时间内（30d）冷藏蛹，对可以羽化的雌蜂的寄生能力无显著影响，影响其寄生能力的因素还有待探索。

第三节　温度、营养对茶足柄瘤蚜茧蜂繁殖力和寿命的影响

一、不同温度、营养条件下对成虫寿命的影响

试验结果表明，茶足柄瘤蚜茧蜂成虫寿命受温度和营养条件影响很大（表 2-5）。在 15～35℃，取食同类食物的成虫寿命随温度的升高先延长后缩短，不

同温度条件下成虫寿命存在显著差异；补充营养与不喂食相比，可显著延长茶足柄瘤蚜茧蜂的寿命（$P<0.01$）。

在不喂食、喂清水、20%葡萄糖、20%蔗糖和20%蜂蜜时，均是25℃下寿命最长，分别为3.23d、12.37d、15.25d、17.67d和23.48d；35℃时寿命最短（除葡萄糖外：5.04d），分别为1.84d、2.04d、4.32d和3.42d，15℃和20℃各营养条件均差异极显著（$P<0.01$）。当喂饲20%蜂蜜溶液时，25℃时寿命最长，35℃时寿命最短。

表2-5 不同温度、营养条件下对茶足柄瘤蚜茧蜂成虫寿命的影响

温度（℃）	蜂蜜	蔗糖	葡萄糖	清水	对照CK
15	6.65±0.70Dd	5.52±0.93Dd	4.34±1.45Dd	3.44±1.83Cc	2.31±1.83Cc
20	10.74±0.09Bb	9.30±0.32Bb	9.86±0.39Bb	9.73±0.65Bb	1.95±0.65Bb
25	23.48±0.18Aa	17.67±0.76Aa	15.25±0.41Aa	12.37±0.11Aa	3.23±0.11Aa
30	9.52±0.08Cc	6.47±0.05Cc	5.57±0.16Cc	2.93±0.09Dd	1.91±0.09Dd
35	3.42±0.07Ee	4.32±0.06Cc	5.04±0.05Dd	2.04±0.05Dd	1.84±0.04Dd

在相同温度条件下，除35℃外，喂饲20%蜂蜜、20%蔗糖溶液、20%葡萄糖的平均寿命和对照之间差异极显著。即补充营养可显著提高茶足柄瘤蚜茧蜂的寿命。25℃下喂饲20%蜂蜜平均寿命最长，其次为喂20%蔗糖，再次为喂20%葡萄糖溶液和喂清水，不喂食寿命最短；25℃、30℃时补充各种营养之间差异不显著（$P>0.05$）；35℃补充20%葡萄糖平均寿命最长，其次为喂20%蔗糖溶液，喂20%蜂蜜与不喂食差异不显著（$P>0.05$）。即高温条件下以20%葡萄糖为营养液、低温条件下以蜂蜜为营养液有助于延长成虫寿命。

由25℃下茶足柄瘤蚜茧蜂成虫存活曲线（图2-4）可以看出，在3种营养条件（20%蜂蜜水、20%蔗糖溶液、20%葡萄糖）的补充下，成蜂的寿命较长；补充清水的成蜂寿命比3种营养的要相对缩短。其中多数成蜂可以实现平均寿命，直至个体衰老时才死亡。对照组的成蜂寿命很短，在短时间内全部死亡，同时在单位时间内死亡的成蜂数量是相一致的，说明不喂食是致死的主要原因。对照组成蜂的存活率随着时间的延长而缩短，且是直线下降；然而补充营养的成蜂存活

率很高，直到一定时间后再大量死亡。试验表明给茶足柄瘤蚜茧蜂提供营养可以显著延长其寿命。

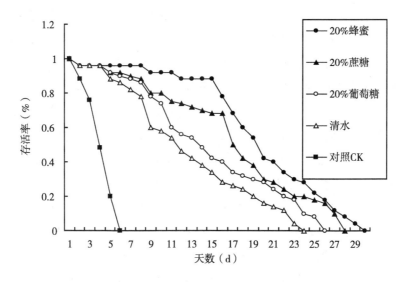

图2-4 25℃下茶足柄瘤蚜茧蜂成虫存活曲线

二、营养条件对茶足柄瘤蚜茧蜂寿命（产卵后）和繁殖能力的影响

由表2-6可以看出，营养条件对茶足柄瘤蚜茧蜂寿命和繁殖能力具有很大的影响。在各处理组条件下，茶足柄瘤蚜茧蜂寿命存在显著性差异。

表2-6 营养条件对茶足柄瘤蚜茧蜂寿命和繁殖力的影响

营养源	寿命（d）		产卵期（d）	总产卵量（粒）	羽化子蜂总数
	♀	♂			
蜂蜜（10%）	17.26±1.21Aa	13.32±0.75Aa	7.31±0.87Aa	53.21±2.63Aa	43.32±4.32Aa
蔗糖（10%）	12.32±1.14Bb	10.15±0.47Bb	5.64±0.82Bb	31.67±3.28Bb	19.18±2.14Bb
清水	8.73±0.70Cc	9.78±0.54Bb	2.59±0.63Cc	8.26±2.32Cc	4.15±0.52Cc
CK	1.74±0.52Dd	1.28±0.37Cc	1.32±0.27Cc	4.15±1.43Cc	1.91±0.34Cc

对照组为不喂食，雌雄成蜂寿命最短，分别为1.74d和1.28d，提供清水的

试验组寿命比对照组显著延长,分别为 8.73d 和 7.28d,营养为 10% 蔗糖的试验组寿命又相应增加,分别为 12.32d 和 10.75d,补充 10% 蜂蜜水的试验组,雌雄蜂的寿命在各组中达到最大值,分别为 17.26d 和 13.32d。雌蜂的寿命在各营养条件下都长于雄蜂,雌蜂在饲喂蔗糖与饲喂清水时寿命差异显著,而且产卵量也差异显著,但是雄蜂寿命在饲喂蔗糖与清水之间无显著差异。

不同的营养条件对茶足柄瘤蚜茧蜂的繁殖能力有一定的影响。结果表明,提供 10% 蜂蜜水时,寿命和产卵期最长,分别为 17.26d 和 7.31d,同时总产卵量最高,寄生的寄主羽化数也最高,分别为 53.21 粒和 43.32 头;提供 10% 蔗糖的试验组,雌蜂的繁殖力相比 10% 蜂蜜较低,产卵期缩短了 1.67d,每头雌蜂的产卵总量降低了 21.54 粒,能成功羽化的子代蜂数量也减少了 24.14 头;提供清水时只能维持雌蜂一定的寿命,其产卵期直接降低至 2.59d,产卵量和羽化子蜂均很小,严重影响后代的繁衍;对照组为不喂食,成蜂寿命都无法得以延续,繁衍后代更是不可能,该组与清水组差异不显著,蜂蜜(10%)组与其他各组之间差异均显著。结果还表明提供清水对提高茶足柄瘤蚜茧蜂的繁殖力没有作用,只能相应的延长茶足柄瘤蚜茧蜂的寿命。

从图 2-5 中可以看出,日产卵量随时间的延长而降低。其中对照组和清水组,雌蜂的日产卵量很低,同时随着时间的延长日产卵量急剧下降,两组的产卵期也很短,产卵期均在 4d 以内;其中蔗糖组的第 1 天和第 2 天,产卵量最高,在第 4 天时产卵量急剧下降;提供蜂蜜水可以显著延长产卵期,产卵期的第 1 天产卵量最大,可达 23.7 粒,随着时间的推移,产卵量也随之降低,产卵期可长达 8d。试验表明,提供蜂蜜水作为营养源的试验组,产卵期最长,产卵量最大,可以使用蜂蜜水作为提高茶足柄瘤蚜茧蜂寄生能力的营养源。

三、温度对茶足柄瘤蚜茧蜂成虫繁殖力的影响

试验结果如表 2-7 所示,茶足柄瘤蚜茧蜂的繁殖力受温度的影响较显著。试验在高温条件下(即 35℃),茶足柄瘤蚜茧蜂寿命受到很大程度的影响,致使产卵期也相应下降,同时单雌总产卵量也很低,为 5.74 粒,说明高温不利用茶足柄瘤蚜茧蜂的繁殖。在低温(即 15℃)时,虽然产卵期最长(9.04d),但由于

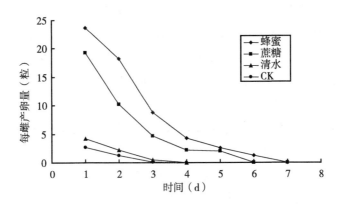

图 2-5 不同营养条件下茶足柄瘤蚜茧蜂成虫的日产卵量变化

单雌在每天的平均产卵量最小，仅为 1.67 粒/（d·雌），所以单雌总产卵量比 35℃时相对高一点，为 16.10 粒。20℃与 30℃的单雌总产卵量差异不显著；在 25℃时，虽然产卵期不是最长，但由于单雌产卵量最高，因而单雌总产卵量最大，为 53.21 粒。茶足柄瘤蚜茧蜂的产卵期随着温度的升高逐渐缩短，而单雌平均产卵量随着温度的升高，呈先增加后减小的规律，最终使得单雌总产卵量也出现先增加后减小的趋势。茶足柄瘤蚜茧蜂的繁殖力最强是在 25℃时，由于在该温度下其单雌总产卵量值最高；羽化子蜂总数在不同温度下与单雌总产卵量呈现相同的趋势，高于或低于 25℃时，单雌总产卵量和羽化子蜂总数均呈现下降的规律。

表 2-7 温度对茶足柄瘤蚜茧蜂繁殖力的影响

温度（℃）	产卵期	单雌平均产卵量 [粒/（d·雌）]	单雌总产卵量	羽化子蜂总数
15	9.04±2.34Aa	1.67±0.35 Cc	16.10±1.14Cc	12.34±0.23Cc
20	8.46±0.54Bb	3.97±0.83Bc	33.74±3.25Bb	22.74±3.21Bb
25	7.26±0.87Cc	7.72±0.68 Aa	53.21±2.63Aa	43.32±4.32Aa
30	4.98±0.35Dd	4.96±0.57Aa	26.13±3.21Bb	24.22±2.35 Bb
35	1.41±0.46Ee	3.28±1.35 Bb	5.74±1.23Dd	4.09±1.47Dd

结果表明，茶足柄瘤蚜茧蜂的繁殖力在不同温度条件下是有区别的，最高繁殖力出现在25℃时，差异不显著的两组温度为20℃和30℃，次之为15℃，繁殖力最低则出现在35℃时；在自然条件下，茶足柄瘤蚜茧蜂的寄生高峰期为7月和8月，这就与试验所得的结论相一致，所以在温度为22~28℃时，最适宜茶足柄瘤蚜茧蜂的寄生和繁殖。

使用线性关系模型对茶足柄瘤蚜茧蜂产卵期与温度之间的关系进行拟合。

设：y=产卵期，x=温度

则 $y=-0.4548x+18$，相关系数 $r=-0.9863$。

在 15~35℃ 范围内，可以用此线性方程来表示茶足柄瘤蚜茧蜂产卵期和温度之间的关系，呈线性负相关，即茶足柄瘤蚜茧蜂产卵期随着温度的升高而缩短（图 2-6）。

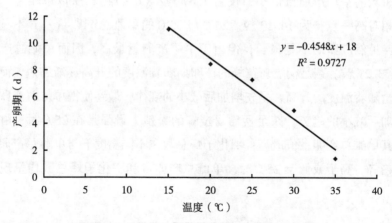

$$y=-0.4548x+18$$
$$R^2=0.9727$$

图 2-6　茶足柄瘤蚜茧蜂产卵期与温度的关系

对茶足柄瘤蚜茧蜂单雌日平均产卵量与温度之间的关系进行拟合，得出图 2-7。

设：y=单雌日平均产卵量，x=温度

则 $y=-0.0413x^2+2.1513x-21.557$（$R^2=0.8283$）。

在 15~35℃ 温度内，茶足柄瘤蚜茧蜂单雌日平均产卵量与温度的关系呈抛物线相关，利用一元二次方程求得：$x=26.04$ 时，即在 26.04℃时，茶足柄瘤蚜茧

蜂单雌平均产卵量达到理论上的最大值。由曲线可清楚地看出，茶足柄瘤蚜茧蜂单雌日平均产卵量随温度的升高，呈现先增加后减小的规律。

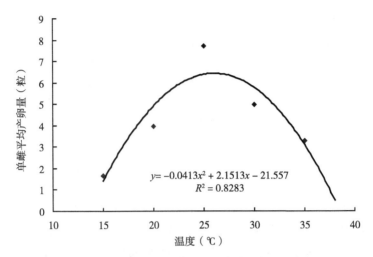

图 2-7　茶足柄瘤蚜茧蜂单雌平均产卵量与温度的关系

四、茶足柄瘤蚜茧蜂寄生影响因子和寄生功能反应的研究

1. 不同日龄茶足柄瘤蚜茧蜂对苜蓿蚜的寄生情况

试验结果显示，不同日龄的茶足柄瘤蚜茧蜂雌蜂对苜蓿蚜的寄生率是不相同的，存在很大差异。在龄期为 1 日龄时，雌蜂对寄主苜蓿蚜的寄生率最高，可达93.2%，其次是龄期为 2 日龄、3 日龄、4 日龄的雌蜂，其对寄主苜蓿蚜的寄生率也较高，寄生率分别为 64.2%、53.8% 和 49.8%，寄生率的值是比较接近的，当茶足柄瘤蚜茧蜂蜂龄为 5 日龄时，雌蜂对寄主苜蓿蚜的寄生率下降很快，寄生率较低，仅为 15.4%，比其他日龄的雌蜂对寄主苜蓿蚜的寄生率明显低许多。结果表明，在实际繁殖和释放茶足柄瘤蚜茧蜂时，最好选择当天羽化的雌蜂（图2-8）。

2. 寄主密度对茶足柄瘤蚜茧蜂寄生的影响

茶足柄瘤蚜茧蜂对寄主苜蓿蚜的寄生率与持续接蜂时间的长短显著相关，同时也和所供寄主密度有关。当寄生蜂（5 头）：寄主组蚜虫（100 头）时，持续

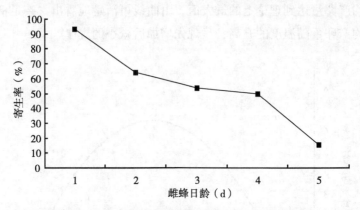

图 2-8 不同日龄茶足柄瘤蚜茧蜂对苜蓿蚜的寄生率

接蜂 6h、12h、24h、48h 和 72h 的寄生率分别为 55.6%、70.2%、91.6%、92.6% 和 94.4%。随着接蜂时间的增加，茶足柄瘤蚜茧蜂对寄主的寄生率也升高，在接蜂 24h 后达到高峰值，再延长接蜂时间寄生率增加不明显。利用方差分析可以得出，持续接蜂 24h、48h 和 72h 的寄生率之间无显著差异（图 2-9）。

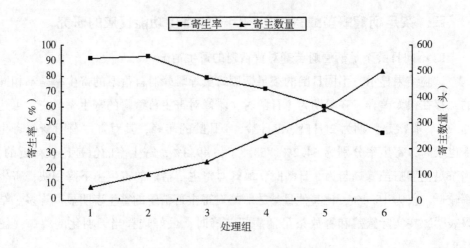

图 2-9 苜蓿蚜与茶足柄瘤蚜茧蜂寄生率的关系

当寄主密度增加至寄生蜂（5 头）：寄主蚜虫（200 头）时，持续接蜂 6h、12h、24h 时，寄生率分别为 34.7%、48.2%、67.7%；持续接蜂 48h 和 72h 时，

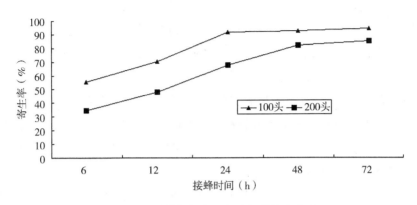

图 2-10 苜蓿蚜与茶足柄瘤蚜茧蜂寄生率

寄生率分别为 82.1% 和 85.1%。茶足柄瘤蚜茧蜂对寄主的寄生率，随接蜂时间的增加而升高，但与寄生蜂（5 头）：寄主组蚜虫（100 头）的试验结果相比，在 48h 时，茶足柄瘤蚜茧蜂对寄主的寄生率达到一个高峰值，即 82.1%，再延长接蜂时间 24h，即在接蜂时间为 72h 时，寄生率增加不明显，仅增加 3%，持续接蜂 48h 和 72h 的寄生率之间无显著差异（图 2-10）。

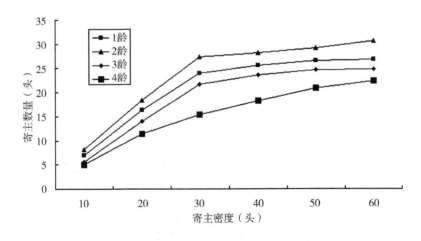

图 2-11 茶足柄瘤蚜茧蜂对不同龄期苜蓿蚜的寄生

茶足柄瘤蚜茧蜂对苜蓿蚜一龄、二龄、三龄、四龄若蚜的寄生功能反应均符合 Holling Ⅱ 型功能模型。茶足柄瘤蚜茧蜂对相同龄期的寄主寄生时，当寄主数量低时，即苜蓿蚜数量低于每盒 30 头时，寄生率的增加较快；当寄主数量高于每盒 40 头时，寄生率增长较慢。在相同寄主密度条件下，茶足柄瘤蚜茧蜂对二龄苜蓿蚜的寄生量最高，这与茶足柄瘤蚜茧蜂对不同龄期寄生选择性试验的结果是相符合的（图 2-11）。如苜蓿蚜若蚜密度为 30 头/盆时，其被寄生数量分别为二龄：27.4 头，一龄：24 头，三龄：21.6 头，四龄：15.4 头，可见二龄苜蓿蚜若蚜适合茶足柄瘤蚜茧蜂寄生产卵。

在不同的苜蓿蚜（二龄）密度下，茶足柄瘤蚜茧蜂对苜蓿蚜的寄生作用见表 2-8。从表 2-8 中可以得出，在寄主苜蓿蚜密度较低时，茶足柄瘤蚜茧蜂对寄主的寄生数也较小，寄生率为 86.6%，随着寄主苜蓿蚜密度的增大，在寄主密度为 30 头时，寄生率最高，达到 99%，寄主密度进一步增加，在 60 头时，寄生率反而下降，为 52.98%。

表 2-8　茶足柄瘤蚜茧蜂对不同密度苜蓿蚜（二龄）的寄生作用

寄主数（头）	平均寄生寄主数（头）（Mean±SE）	理论寄生寄主数（头）	$1/N$	$1/N_a$
10	8.66±0.39eD	8.58	0.1000	0.1155
20	18.95±0.52dC	19.46	0.0500	0.0528
30	29.70±0.40cB	27.78	0.0330	0.0337
40	29.78±0.21bcB	29.49	0.0250	0.0336
50	29.09±0.53bAB	31.22	0.0200	0.0344
60	31.79±0.40aA	32.28	0.0170	0.0315

利用 Holling 功能反应方程 Ⅱ 型方程式对表 2-8 中的数据进行模拟，可以得到 Holling 功能反应模型：$N_a = 1.1180 N/(1+0.0184 N)$，$r = 0.9768$

从该模型可以得出：1 头茶足柄瘤蚜茧蜂在 24h 内最多可寄生 60.71 头苜蓿蚜，茶足柄瘤蚜茧蜂寄生 1 头寄主所需的时间为 0.396h，瞬间攻击率为 1.118。

由苜蓿蚜在一龄、二龄、三龄、四龄各龄期下的功能反应参数（表 2-9）可知，茶足柄瘤蚜茧蜂寄生 1 头苜蓿蚜的时间以二龄时最短（$T_h = 0.0165$，约

0.396h），4 龄时最长（$T_h = 0.0337$，约 0.8088h）。瞬间攻击率则以二龄时最大，为 1.118，四龄时最小，为 0.5676。

表 2-9　茶足柄瘤蚜茧蜂对各龄期苜蓿蚜的寄生功能反应

龄期	功能反应圆盘方程	瞬间攻击率（a）	处置时间（T_h）	寄生上限（$N_{a\,max}$）
一龄	$N_a = 1.086\,N/\,(1+0.0230\,N)$	1.086	0.0212	47.17
二龄	$N_a = 1.118\,N/\,(1+0.0184\,N)$	1.118	0.0165	60.60
三龄	$N_a = 0.6819\,N/\,(1+0.02271N)$	0.6819	0.0333	30.03
四龄	$N_a = 0.5676\,N/\,(1+0.0191N)$	0.5676	0.0337	29.67

3. 不同温度下茶足柄瘤蚜茧蜂寄生功能反应

不同温度条件下茶足柄瘤蚜茧蜂对苜蓿蚜二龄若蚜的寄生情况，茶足柄瘤蚜茧蜂在相同温度条件下，寄生数量随寄主密度的增加而增加，在一定密度时到达寄生高峰期，如果再增加寄主数量，即增加寄主密度，寄生数量也不会明显上升，例如在 25℃时，寄生数量均高于其他温度，同时在寄主密度为 30 头时，寄生数量已经达到 28.6 头，以后增加寄主密度，在密度为 40 头、50 头和 60 头时，寄生数量分别为 29.1 头、29.6 头和 30 头（图 2-12）。

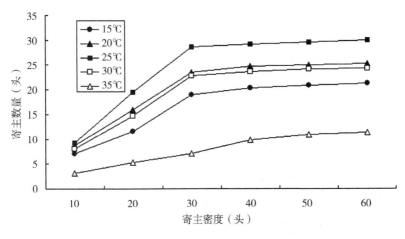

图 2-12　茶足柄瘤蚜茧蜂对二龄苜蓿蚜的寄生

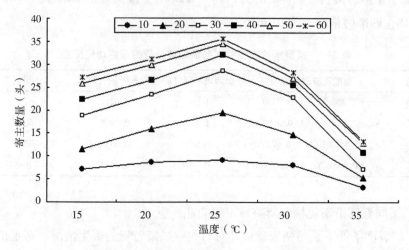

图 2-13　茶足柄瘤蚜茧蜂寄生与温度的关系

由图 2-13 可知，在相同寄主密度条件下，茶足柄瘤蚜茧蜂对二龄苜蓿蚜的寄生数量，随温度的升高，呈先增加后减少的趋势。例如，在寄主密度 30 头时，随温度的升高，寄生数量分别为：18.9 头、23.4 头、28.6 头、22.8 头和 7.1 头，呈先增加后减少的趋势。在各温度条件下，在寄主密度为 60 头时，寄生数量最大；寄主密度为 10 头时，寄生数量最小。

4. 茶足柄瘤蚜茧蜂自身密度干扰效应

从表 2-10 中可以看出，不同密度的茶足柄瘤蚜茧蜂对苜蓿蚜二龄若蚜的寄生作用。相同数量的寄主存在时，在一定范围内，寄生的苜蓿蚜数量随着寄生蜂数量的增加而增加，如果在此基础上继续增加蚜茧蜂数量，存活的寄主数逐渐减少，寄生率反而上升。每 200 头苜蓿蚜寄主在接蜂量为分别为：1 头、5 头、10 头、15 头雌蜂时，寄生率从 34.88% 上升至 90.98%。每 200 头苜蓿蚜寄主在接蜂量为 20 头、30 头雌蜂时，寄生率从 66.77% 降低至 54.31%。试验说明，在数量相同的寄主的条件下，随寄生蜂的密度的增加，寄生率先增加后减小。还观察到，接入的茶足柄瘤蚜茧蜂数量过多时，寄生蜂之间出现一定的相互碰撞，这对寄生产生影响，干扰了寄生蜂本身的寄生，即出现了自身干扰效应。

表2-10 不同密度的茶足柄瘤蚜茧蜂对二龄苜蓿蚜的寄生作用

寄生蜂数量（头）	寄主存活数（头）	发现域试验值	lgα	lgP
1	159.84±4.10aA	0.097 3	−1.011 9	0.000 0
5	155.31±2.90 aA	0.021 9	−1.260 4	0.698 9
10	157.06±3.26 aA	0.010 5	−1.978 8	1.000 0
15	106.04±6.61bB	0.018 4	−1.735 2	1.176 1
20	96.16±3.14 bB	0.015 9	−1.798 6	1.301 0
30	67.25±2.93cC	0.015 8	−1.801 3	1.477 1

注：寄主数量为200头。

在相同寄主数量条件下，寄生蜂数量每增加1头，则每头寄生蜂可以寄生的寄主数量平均值却会降低，可以说明寄生蜂数量的增加，在相同寄主数量条件下的发现域缩小了，即在单位时间内寻找寄主的效率降低了。表明茶足柄瘤蚜茧蜂个体间存在一定的干扰效应，同时随着寄生蜂数量的增加，在固定的空间范围内，干扰效应会更明显的表现出来。在现实中利用寄生蜂进行田间害虫防治时，寄生蜂的释放要适量，在理论上可以看出，释放的寄生蜂数量越多，防治效果并不一定越好，这是因为在寄生蜂个体之间存在干扰效应，释放数量过多不仅浪费了天敌资源，而且对害虫的防治达不到预期效果。

5. 茶足柄瘤蚜茧蜂发育历期和发育速率

温度对茶足柄瘤蚜茧蜂各发育阶段的生长发育历期影响显著（表2-11）。卵至僵蚜、卵至羽化发育阶段在不同温度条件下的发育历期存在明显差异，僵蚜至羽化发育阶段在24~32℃下没有显著性差异，但与12℃、16℃、20℃均存在显著性差异。茶足柄瘤蚜茧蜂各发育阶段的发育历期随温度的升高而缩短，卵至僵蚜的发育历期由12℃时的（20.41±0.85）d缩短到32℃的（5.07±0.15）d；僵蚜至羽化的发育历期由12℃的（18.09±1.06）d缩短到32℃的（3.94±0.122）d；卵至羽化的发育历期由12℃的（38.50±0.57）d缩短到32℃的（9.01±0.20）d；由此可见，在12~28℃，茶足柄瘤蚜茧蜂各发育阶段的发育速率与温度呈明显的正相关。但是该寄生蜂从僵蚜到羽化发育阶段在32℃条件下的发育历期比28℃有所延长，这可能是高温影响了僵蚜的发育。

表 2-11　茶足柄瘤蚜茧蜂在不同温度下的发育历期　　　　　　　　　　（d）

温度（℃）	发育历期		
	卵至僵蚜	僵蚜至羽化	卵至羽化
12	20.41±0.85aA	18.09±1.06aA	38.50±0.57aA
16	15.15±0.76bB	6.10±1.14bB	21.25±0.65bB
20	9.62±0.36cC	4.49±0.42bcB	14.11±0.28cC
24	8.41±0.33cdCD	3.76±0.29cB	12.17±0.07dCD
28	6.79±0.26dDE	3.49±0.29cB	10.28±0.39eD
32	5.07±0.15eE	3.94±0.122cB	9.01±0.20fE

注：表中数据为发育历期平均值，数据采用 Duncan's 新复极差测验检验，不同大小字母分别表示在 0.01 与 0.05 水平上差异显著水平，相同字母表示差异不显著。

6. 茶足柄瘤蚜茧蜂发育起点温度和有效积温

$$C = \frac{\sum V^2 \sum T - \sum V \sum VT}{n \sum V^2 - (\sum V)^2}$$　　　　式（2-1）

$$K = \frac{n \sum VT - \sum V \sum T}{n \sum V^2 - (\sum V)^2}$$　　　　式（2-2）

根据在不同温度下得到的发育历期（N）利用式（2-1）和式（2-2）分别计算茶足柄瘤蚜茧蜂的发育起点温度（C）和有效积温（K），以及它们各自的标准差（S_c 和 S_k），详见表 2-12。

表 2-12　茶足柄瘤蚜茧蜂卵至羽化发育起点温度及有效积温

n	T（℃）	N（d）	$V=1/N$	VT	V^2	$T*$	$T-T*$	$(T-T*)^2$	$V-V'$	$(V-V')^2$
1	12	40.56	0.025	0.296	0.001	10.96	1.038	1.078	-0.049	0.002
2	16	20.73	0.048	0.772	0.002	16.31	-0.317	0.100	-0.025	0.001
3	20	13.29	0.075	1.504	0.005 7	22.44	-2.445	5.978	0.075	0.006
4	24	11.95	0.084	2.007	0.007	24.36	-0.366	0.134	0.084	0.007
5	28	10.81	0.093	2.590	0.009	26.38	1.620	2.625	0.093	0.009
6	32	8.68	0.115	3.685	0.013	31.52	0.474	0.225	0.115	0.013
Σ	132		0.439	10.853	0.037			10.140		0.037

注：表中 T 为试验温度，N 为发育历期，V 为发育速度，$V=V/n$ 为发育速度的平均值，$T*$（温度的理论值）$= C + KV$。

　　茶足柄瘤蚜茧蜂从卵至僵蚜、僵蚜至羽化、卵至羽化的发育起点温度分别为：6.50℃；、6.25℃；、5.36℃；有效积温分别为 136.28℃·d、75.74℃·d、227.23℃·d。卵—僵蚜阶段比僵蚜—羽化阶段的发育起点温度高，因此，在繁蜂过程中可适当升高卵—僵蚜发育阶段的温度，可以增加繁蜂世代和繁殖数量。在僵蚜—羽化发育阶段应适当降低温度，以利于正常发育，较高温度可抑制僵蚜发育。茶足柄瘤蚜茧蜂各个发育阶段的发育起点温度不尽相同，应取最大值作为该蜂的世代发育起点温度，即 6.5℃作为世代发育起点温度（表 2-13）。

表 2-13　茶足柄瘤蚜茧蜂卵至僵蚜发育起点温度及有效积温

n	T（℃）	N（d）	$V=1/N$	VT	V^2	$T*$	$T-T*$	$(T-T*)^2$	$V-V'$	$(V-V')^2$
1	12	20.405	0.049 0	0.59	0.002	13.18	−1.18	1.389	−0.065	0.004
2	16	15.148	0.066 0	1.06	0.004	15.50	0.50	0.254	0.066	0.004
3	20	9.619 7	0.103 9	2.08	0.011	20.67	−0.67	0.445	0.104	0.011
4	24	8.409 5	0.118 9	2.85	0.014	22.71	1.29	1.676	−12.059	145.425
5	28	6.787	0.147 3	4.13	0.022	26.58	1.42	2.018	−0.406	0.165
6	32	5.073 9	0.197 0	6.31	0.039	33.36	−1.36	1.847	0.197	0.039
Σ	132		0.682 3	17.01	0.092	131.99	0.01	7.630	−12.163	145.648

　　注：表中 T 为试验温度，N 为发育历期，V 为发育速度，$V=V/n$ 为发育速度的平均值，$T*$（温度的理论值）$=C+KV$。

第三章　茶足柄瘤蚜茧蜂扩繁及滞育贮藏技术

第一节　寄主植物对苜蓿蚜存活率发育历期影响

在生产实践中，鉴于蚜茧蜂独特而复杂的生物学和生态学习性，目前利用人工饲料的扩繁还不成熟，依然采用天然寄主的饲养方法。在温室内人工大量繁育苜蓿蚜来繁殖茶足柄瘤蚜茧蜂，这就存在苜蓿蚜繁育的寄主植物的选择问题。

一、苜蓿蚜存活率发育历期影响

苜蓿蚜取食3种不同寄主植物的存活率变化不大，大多数个体都能完成生活史。苜蓿蚜取食苜蓿、豌豆、蚕豆3种寄主植物时死亡大多发生在中老年个体上，在豌豆上苜蓿蚜若虫期死亡率比在苜蓿和蚕豆上高，表明豌豆对苜蓿蚜的生长发育有一定的抑制作用。

苜蓿蚜在不同寄主植物上的各虫态历期及成虫寿命见表3-1。在3种寄主植物上苜蓿蚜均能完成生长发育，但不同寄主植物对苜蓿蚜各虫态的发育历期有显著影响。1龄若虫在蚕豆上的发育历期最短，为1.72d，与豌豆和苜蓿上的发育历期有显著性差异，发育历期在豌豆与苜蓿之间无显著性差异；2龄若虫发育历期显著短于苜蓿和豌豆上的发育历期；3龄若虫的发育历期在蚕豆和豌豆无显著差异，在苜蓿上最短，为1.38d；4龄若虫的发育历期在蚕豆和苜蓿无显著差异，在苜蓿上最短，为1.85d。3种寄主植物上的成虫寿命差异显著，苜蓿上苜蓿蚜成虫的寿命显著短于比其他 2 种植物上的成虫寿命，成虫寿命在蚕豆和豌豆上分别为 17.60d 和 14.29d，在苜蓿上的成虫寿命最短，仅 10.11d。

苜蓿蚜在 3 种寄主植物上的世代历期差异显著，苜蓿上最短为 10.11d，豌豆为 14.29d，蚕豆为 17.60d。

表 3-1 苜蓿蚜在不同寄主植物上的发育历期

寄主植物	各虫态发育历期					成虫寿命 (d)	世代历期 (d)
	1 龄	2 龄	3 龄	4 龄	若虫		
蚕豆	1.72±0.07 a	1.52±0.05 a	1.54±0.11b	1.91±0.07b	6.69±0.07a	17.60±0.97a	24.29±1.52a
豌豆	1.86±0.05 b	1.75±0.09 b	1.51±0.06b	2.14±0.06a	7.26±0.11b	14.29±1.25b	21.55±2.11b
苜蓿	1.82±0.06 b	2.01±0.08 c	1.38±0.08a	1.85±0.06b	7.06±0.09b	10.11±1.19c	17.17±1.69c

注：表中数据为平均值±标准误；同列数据之后的不同英文小写字母表示差异显著（$P<0.05$，邓肯式新复极差法）。

二、苜蓿蚜繁殖力及扩繁速度

图 3-1，图 3-2 表明，苜蓿蚜在不同寄主植物上的生殖力曲线基本相似。但产蚜高峰出现的早晚以及峰值的高低有一定差异，以蚕豆饲养的苜蓿蚜产蚜高峰出现最早（12d）、豌豆则为最晚（第 20 天），高峰产蚜量以在蚕豆上饲养的为最高（8.5 头/雌），豌豆为最低（7.8 头/雌）。苜蓿蚜在以苜蓿、蚕豆、豌豆为寄主植物时每雌产蚜数总体上呈先增大后减少的趋势，都有一个最大值，在这 3 种寄主植物上，最高值出现时间和幅度有一定的差异，在蚕豆上时第 12 天和第 20 天出现两个繁殖高峰，第 12 天时，蚕豆上的苜蓿蚜单雌产蚜数最大，为 8.5 头，第 15 天时，苜蓿上的苜蓿蚜单雌产蚜数最大，为 8.2 头，第 20 天时，豌豆上的苜蓿蚜单雌产蚜数最大，为 7.8 头。苜蓿蚜在取食 3 种寄主植物时进入繁殖期的时间有差异，在以蚕豆为食料时，进入繁殖期的时间比豌豆和苜蓿为食料的时间早 1~2d，综合比较产蚜高峰期出现的时间早晚和产蚜高峰期内平均产蚜量发现，苜蓿蚜在以蚕豆为寄主。

由图 3-2 可以看出，在 3 种寄主植物上苜蓿蚜数量都随接种时间的增长而增

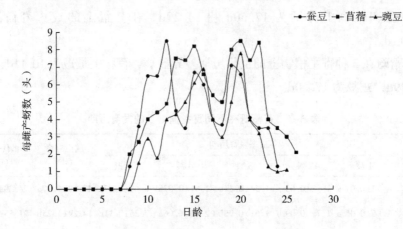

图 3-1 苜蓿蚜在不同寄主上的繁殖力

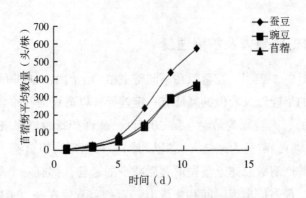

图 3-2 苜蓿蚜在不同寄主上数量的变化

加，其中蚕豆上苜蓿蚜增长速率最快，在整个试验过程中苜蓿蚜的数量均保持较高水平。豌豆和苜蓿上苜蓿蚜数量的增长速率次之。苜蓿蚜在 3 种寄主植物上前 5d 增长速率并不快，接种 7d 后，蚕豆上苜蓿蚜平均数量最多达 240 头/株，显著高于其他 2 种寄主植物上苜蓿蚜的数量。因此，从繁蚜数量上看，蚕豆均可作为苜蓿蚜理想的寄主植物。

三、苜蓿蚜对寄主植物的选择

建立了苜蓿蚜在不同寄主上的种群生命表参数（表3-2），对其分析可以看出，苜蓿蚜在3种寄主植物上的试验种群生命参数不同。在蚕豆上苜蓿蚜的净增值率 R_0 和周限增长率最大，分别为42.48和1.28，表明苜蓿蚜在以蚕豆为寄主植物时每雌经历一个世代可产生的雌性后代数和单位时间里种群的理论增长倍数最大。周限增长率均大于1，表明苜蓿蚜的种群呈几何型增长，按其值大小排序为蚕豆>苜蓿>豌豆。种群内禀增长率 r_m 表示苜蓿蚜对寄主植物的适宜度和嗜食性，其与周限增长率的趋势一致，表明相同条件下，苜蓿蚜更易于取食蚕豆、苜蓿、豌豆。苜蓿蚜在豌豆上的平均世代周期最长（19.05），在蚕豆上的平均世代周期最短（15.46），苜蓿蚜在蚕豆上的种群加倍时间最短（2.84），在豌豆上的种群加倍时间最长（4.03）。综合评价，蚕豆各个参数最好，可作为扩繁苜蓿蚜及茶足柄瘤蚜茧蜂的最优寄主植物。

表3-2　不同寄主植物上苜蓿蚜的种群生命表参数

参数	蚕豆	豌豆	苜蓿
净增殖率（R_0）	43.48	28.65	29.72
内禀增长率（r_m）	0.244	0.172	0.207
周限增长率（T）	1.28	1.19	1.23
平均世代周期（T）	15.46	19.05	16.39
种群加倍时间（t）	2.84	4.03	3.35

第二节　寄主植物的培育装置与方法

苜蓿蚜寄生性天敌茶足柄瘤蚜茧蜂，是依赖天然寄主（苜蓿蚜）繁殖的天敌昆虫，茶足柄瘤蚜茧蜂昆虫天敌扩繁过程中，天然寄主（苜蓿蚜）使用量比较大，而目前受到天然寄主苜蓿蚜的产量和质量的限制，茶足柄瘤蚜茧蜂一直没能形成规模化生产。

蚕豆具有生物量大、生长速度快及叶面积大等特点，是苜蓿蚜人工繁殖的主要寄主植物。目前，蚕豆幼苗的培育方法主要有土培法与水培法两种。植物在生长发育过程中，水培与土培对其生长并没有本质上的区别。由于苜蓿蚜属于害虫，害虫的人工饲养需要人工隔离，而通过土培蚕豆扩繁苜蓿蚜不易于采取隔离措施。同时，蚕豆的连续种植会导致土壤酸化，进而产生蚕豆根茎部病害，使蚕豆萎蔫、倒伏、烂根及死亡，为降低苜蓿蚜的扩繁速度。再者，蚜虫种群增长迅速，需要经常更换饲养用的植株材料，这样就大大增加了饲养难度。该水培装置可以培养幼苗数量大，培养效果良好。

一、水培装置的结构图

水培扩繁苜蓿蚜装置的结构（图 3-3），包括扩繁架及设置于扩繁架外侧的网罩，扩繁架包括架体、设置于架体不同高度上的多层升降支撑板、设置于升降支撑板底面的植物补光灯、用于调节升降支撑板高度的升降驱动调节结构及设置于升降支撑板上端的育苗盘。

在植物生长的过程中，通过手轮调节升降支撑板的高度，根据植物的生长需要，使上下相邻两升降支撑板保持合理的间距，使植物补光灯与植物保持合理间距。

育苗盘尺寸为 35cm×25cm×5cm，包括贮液盘及置于贮液盘内的定植网格盘，定植网格盘包括底板及设置于底板上的环形边沿，底板均匀设置有若干个通孔，通孔边缘光滑，利于植物根部钻出及水分排出。定植网格盘的底面与贮液盘之间构成植物根系生长空间，采用透明材质，易于观察蚕豆苗根部生长情况。

架体的下部设置有水箱和泵，贮液盘包括底板及设置于底板上的环形边沿，环形边沿的上部设置有进水口和溢流口，水箱的出水口通过泵及水管与所述贮液盘的进水口连接，贮液盘的溢流口通过水管与水箱的上端进水口连接。

扩繁架的下端设置有脚轮，通过脚轮可方便地将装置整体移动至需要的位置。

网罩材质可选 80 目尼龙网纱，封闭扩繁架内部空间。网罩的正面设置有拉链，更便于观察和操作。

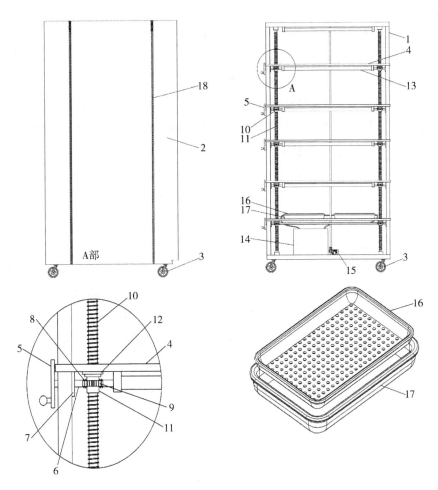

1-扩繁架；2-网罩；3-脚轮；4-升降支撑板；5-手轮；6-传动轴；7-轴承座；8-涡杆；9-蜗轮；10-丝杆；11-丝母；12-平面轴承；13-植物补光灯；14-水箱；15-泵；16-定植网格盘；17-贮液盘；18-拉链。

图3-3 水培装置示意

二、水培方法

利用水培装置可以实现寄主植物蚕豆的规模化快速培育。简便培育方法为：

使用时，将泡涨的蚕豆种子平铺在垫有一层吸水纸的定植网格盘中，将定植网格盘放入贮液盘中，贮液盘中加入少许水，定植网格盘上用湿润的深色棉质纱布覆盖，置于扩繁架的升降支撑板上进行催芽。在催芽过程中，不断加水保湿，并及时将烂蚕豆种子、未及时发芽种子挑出，以防发霉而引起其他蚕豆种子腐烂。

催芽 3d 后，种子生根发芽且芽伸长至 3cm 左右时，取下定植网格盘上的覆盖物，置于光照下培养。当贮液盘中水位低于蚕豆根系时，加入水进行补充，待蚕豆种子长出的蚕豆芽变绿，加入配制的营养液，使营养液没过蚕豆根系。

当蚕豆种子出苗 10d 后，将带有苜蓿蚜的枝叶放在蚕豆苗上，让苜蓿蚜自由转移，然后套上网罩。当育苗盘中的蚕豆苗有 2/3 变黄、萎蔫后，将带蚜蚕豆苗转接至新培育的蚕豆苗上，供苜蓿蚜继续取食。当苜蓿蚜从变黄的蚕豆苗全部转移到新的蚕豆苗上后，将变黄的蚕豆苗取出。

利用水培装置效果如下：一是水培蚕豆苗避免了土壤酸化，减轻了病害对蚕豆苗的为害，保证了蚕豆苗的质量；二是可一年四季长期连续供应寄主植物，供苜蓿蚜扩繁；三是扩繁架采用多层结构，空间利用率高，水培蚕豆苗生长整齐，生理一致，培育量大，有效提高了苜蓿蚜产量；四是该装置易于操作，更易于推广应用。

三、苜蓿蚜对不同生长期蚕豆的选择

如表 3-3 所示，随着生长天数的延长，蚕豆幼苗真叶片数增多，蚕豆全株载蚜总量呈上升趋势，先期蚜量升高趋势显著，后期则稳定保持在扩繁效率为 450~560 头/株，生长期为 20d 的蚕豆苗蚜虫量显著高于其他处理，说明已达到蚜虫最大增长率，即便有多余叶片提供营养，也不能促进蚜虫种群数量增加。在平均单叶载蚜量方面，呈明显的先增加后下降的趋势，蚕豆苗生长第 18~20 天接蚜，可获得最大的单叶载蚜量。考虑到生产成本及效率要求，生产上可以在蚕豆生长的第 20 天（第 6 片真叶完全展开时），接入蚜虫。

表 3-3　苜蓿蚜对不同生长期蚕豆苗的选择性

蚕豆生长天数（d）	株高（cm）	展开叶片（片）	蚜虫量（头/株）	单叶载蚜量（头/叶）
8	15.50±2.02b	4	157.90±10.85d	32.70

（续表）

蚕豆生长天数（d）	株高（cm）	展开叶片（片）	蚜虫量（头/株）	单叶载蚜量（头/叶）
10	16.82±2.04b	4	180.66±15.52d	37.70
12	18.62±2.11b	4	191.29±36.51d	47.82
14	19.42±2.37b	4	226.68±26.21d	56.70
16	21.78±0.82b	6	437.15±12.11c	72.84
18	25.87±0.88a	6	490.21±17.89b	81.87
20	28.20±0.48c	6~8	560.18±23.27a	70~93.33
22	29.88±1.35c	6~8	440.70±15.82c	55.09~73.45
24	31.83±1.62c	6~8	450.82±20.33c	56.35~75.14

注：表中数据为平均值±标准误；同列数据后不同小写字母差异显著（$P<0.05$）。

四、苜蓿蚜最适接虫数量

结果如表3-4所示，蚜虫总数随着接蚜数量的增加而上升，但后期升幅不显著，当接蚜数为30头时，5d连续培养后，扩繁总蚜量相对较高，平均单株蚜虫数可达493头，扩繁效率为49∶1；此后，随着接蚜数量的增加，总蚜量维持在较高水平，若蚕豆寄主的营养供应不足，扩繁效率降低。

表3-4　苜蓿蚜不同接虫量的扩繁效率

接蚜量（头/盆）	5d后总蚜量（头/盆）	接蚜扩繁效率
10	841.41±42.50e	84∶1
30	1 481.01±38.10d	49∶1
50	1 831.83±59.89d	37∶1
70	2 175.99±93.55c	31∶1
90	2 409.45±117.27b	27∶1
100	2 730.75±70.22a	27∶1
150	2 986.56±70.52a	20∶1
200	3 555.30±87.30a	18∶1

注：表中数据为平均值±标准误；同列数据后不同小写字母差异显著（$P<0.05$）。

五、茶足柄瘤蚜茧蜂最适接蜂比

接蜂数量试验结果如表3-5所示，接蜂比对僵蚜数量影响显著，对后代羽化率影响不显著。随接蜂数量的增加，僵蚜数量呈上升趋势并逐渐趋于平稳，单蜂贡献率则是先上升再下降的趋势，当接蜂数量过高时，僵蚜数并未呈现显著增加。这主要是由于茶足柄瘤蚜茧蜂在寄生蚜虫的行为中，存在刺吸试探过程，一般要经反复多次的对蚜虫刺吸挑选，判定该蚜虫符合子代营养需求后，才在蚜虫体内产卵，如果茶足柄瘤蚜茧蜂密度过高，对蚜虫反复刺吸频繁，形成的机械损伤将致使苜蓿蚜死亡，已在该蚜虫体内产卵的茶足柄瘤蚜茧蜂也不能完成发育过程，影响了僵蚜的形成。从僵蚜数量指标来看，蜂蚜比例为（1：30）～（1：100），每盆处理内的僵蚜数量约1 000头，达到较高水平；从单蜂贡献率的角度看，蜂蚜比例为（1：100）～（1：250）的区间，单蜂贡献率约63头僵蚜/蜂，其中，蜂蚜比例为1：100时，单蜂贡献率最高。综合生产实际，蜂蚜比例为1：100时，既发挥了寄生蜂最佳的寄生效能，形成的僵蚜数量也最多，适于大规模扩繁需要。

表3-5　接蜂数量对僵蚜及茶足柄瘤蚜茧蜂羽化率

蜂蚜比	僵蚜总数（头）	单蜂贡献值	后代羽化率（%）
1：250	380. 57 ±33. 71 b	63. 33	85. 19±17. 34 a
1：200	510. 25±38. 79 b	63. 75	85. 85±21. 22 a
1：150	620. 81±52. 17 b	62. 00	85. 51±17. 09 a
1：100	1 010. 55±59. 94 a	67. 33	87. 88±19. 11 a
1：70	994. 15±89. 51 a	47. 33	90. 20±21. 61 a
1：50	970. 28±101. 26 a	32. 33	90. 00±17. 38 a
1：30	1 140. 41±60. 30 a	22. 80	90. 09±23. 02 a

注：表中数据为平均值±标准误；同列数据后不同小写字母差异显著（$P<0.05$）。

六、茶足柄瘤蚜茧蜂生产周期

在温度（25±1）℃、相对湿度60%～70%条件下，从种植寄主植物蚕豆、接种寄主苜蓿蚜、接种茶足柄瘤蚜茧蜂到成蜂羽化，共需要约41d（表3-6）。在一定的温度范围内，茶足柄瘤蚜茧蜂随着温度的升高发育周期缩短，因此，繁殖周期也会相应地缩短。

表 3-6　人工气候箱扩繁茶足柄瘤蚜茧蜂生产周期

生产流程	时间（d）
培育蚕豆苗	24
接种苜蓿蚜	1
管理已接种苜蓿蚜的蚕豆苗	6
接种茶足柄瘤蚜茧蜂	1
茶足病例蚜茧蜂的发育	8
收集茶足柄瘤蚜茧蜂成蜂	1

第三节　茶足柄瘤蚜茧蜂滞育蛹生化物质测定

明确茶足柄瘤蚜茧蜂，滞育蛹与非滞育蛹体内生化物质浓度和保护酶活性的差异，为进一步探索茶足柄瘤蚜茧蜂滞育调控的分子机制提供依据。通过控制温光环境获得茶足柄瘤蚜茧蜂滞育蛹和非滞育蛹，并对滞育蛹设置不同滞育处理时间（滞育时间为30d、45d、60d和75d），最终共设置4个滞育处理与1个非滞育处理，分别测定蛹体内主要糖类、醇和蛋白等生化物质的浓度以及过氧化物酶（POD）、过氧化氢酶（CAT）和超氧化物歧化酶（SOD）这3种保护酶的活性，并完成对比研究。总糖、海藻糖、甘油、总蛋白浓度在滞育蛹与非滞育蛹中存在显著差异，而糖原与山梨醇则没有明显差异。在滞育过程中POD、CAT和SOD活性随着滞育时间的延长，逐渐增强，当滞育时间达到60d时，酶活性最高。茶足柄瘤蚜茧蜂蛹由非滞育进入滞育状态过程中，通过调节自身生理代谢使其体内糖类、醇等有机物浓度升高，蛋白质浓度下降，保护酶活性明显增强，进而显著提高其抗低温的能力以有效应对不利环境条件的来临。

滞育是节肢动物中广泛存在的一种适应不利生存环境的遗传现象（Tauber et

al., 1986; Saunders, 2012), 滞育对于昆虫来说, 有着积极的意义。昆虫可以通过进入滞育状态来度过不良环境, 从而使个体在不利条件下仍能继续存活, 还可以保持种群发育整齐, 使交配率得以提高, 以确保种群的繁衍 (王满困和李周直, 2004)。滞育的昆虫, 在较长一段时间内会处于发育缓慢或发育停滞的状态, 具体表现为不食不动。环境的变化会引起昆虫体内生化物质的改变, 正是由于这样的原因, 才导致了昆虫发育速度的减缓 (徐卫华, 2008)。已有研究证明, 昆虫的滞育与生化物质的种类及浓度密切相关, 这些生化物质包括糖、醇类物质、蛋白质、酶等。当昆虫处于不利于其生存的环境条件, 这些生化物质能够为机体的发育需求提供保障 (王满困和李周直, 2004)。有研究认为, 滞育和滞育解除可以依赖昆虫体内生化物质浓度的变化来进行区分 (高玉红等, 2006)。明确茶足柄瘤蚜茧蜂滞育过程中体内生化物质浓度的变化和保护酶活性的差异, 为进一步探索茶足柄瘤蚜茧蜂滞育调控的分子机制提供依据。

作为重要的能源物质, 糖类与昆虫的生命活动密不可分, 同时糖类也是一些代谢途径中的中间产物。研究发现, 糖类物质与昆虫滞育也存在着一定的关系, 糖原与海藻糖在滞育阶段就有明显变化。滞育状态的昆虫, 体内的主要能源物质就是糖原, 而糖原也是重要的抗冻保护剂; 海藻糖在维持蛋白结构稳定与保持细胞膜完整方面起到重要作用 (任小云等, 2016)。随着滞育时间的变化, 昆虫体内的糖类物质也会发生变化。糖原浓度在烟蚜茧蜂滞育期间呈线性下降, 海藻糖浓度呈倒 "U" 形变化 (李玉艳, 2011)。鞭角华扁叶蜂 Chinolyda flagellicornis 在滞育过程中, 血淋巴中的糖原逐渐减少, 海藻糖浓度逐渐增加, 在滞育前期, 海藻糖与糖原相互转化, 同时发现滞育阶段及温度与这种转化关系有关 (王满困和李周直, 2002)。斑蛾 Zygaen trlfolii 进入滞育后糖原是最重要的能源物质, 在滞育虫体中糖原浓度是非滞育虫体的 2 倍多 (Wipking et al., 1995)。有研究表明, 糖原是棉铃虫滞育蛹生命活动的主要能量来源, 随着滞育强度的深入, 糖原浓度逐渐降低 (张韵梅, 1994)。

昆虫在滞育期间通过积累甘油、山梨醇等醇类物质来实现过冷却点的降低, 细胞膜的固定, 渗透压的减少, 以此来维持内稳态, 使虫体免受低温损伤 (Baust, 1982)。在滞育昆虫体内, 甘油是变化最明显的醇类物质之一, 也是重要的抗冻保护剂，使昆虫能够抵御低温环境（陈永杰，2005）。桑螟 Diaphania pyloalis 幼虫体内甘油浓度从越冬早期到越冬末期呈现先升高后降低的现象（陈永杰，2005）。非滞育灰飞虱 Laodelphax striatellus 幼虫体内的甘油浓度明显低于滞育幼虫，通过提高甘油浓度来抵抗滞育期间的低温（宋菁菁等，2017）。但有研究显示，有些昆虫在滞育期间并不会合成甘油，甘油的积累并不是昆虫滞育所必需的（Jone et al.，1984）。对欧洲玉米螟 Ostrinia nubilalis 低温诱导的分析显示，甘油累积的能力并不是所有过程的固有属性，王智渝（1998）等对滞育和非滞育棉铃虫 Helicoverpa armigera 蛹的甘油浓度展开对比，发现二者甘油浓度无明显区别，在滞育期间不存在甘油积累现象（王智渝等，1998）。

不同滞育昆虫体内山梨醇的浓度变化也不相同。随着滞育时长的增加，大斑芫菁 Mylabris phalerata 的山梨醇浓度呈增加趋势（朱芬等，2008）。越冬过程中的麦红吸浆虫 Sitodiplosis mosellana，随环境温度下降，山梨醇浓度呈现逐渐增加的发展趋势（王洪亮，2007）。桃小食心虫 Carposinaniponensis Walsingham 在整个滞育过程中，仅在 15℃ 条件下处理 45d 和 5℃ 条件下处理 15d 能够检测到山梨醇，猜测可以通过山梨醇是否存在定性评价该虫的滞育深度（丁惠梅等，2011）。

蛋白质是生命活动的主要承担者，处于滞育状态的昆虫为提高抵御恶劣环境的能力，通常会通过增加蛋白浓度来达到保护自身的目的。对棉铃虫进行研究发现，进入滞育后，血淋巴中的蛋白浓度平稳增加，脂肪体中的蛋白却呈先上升缓慢，后显著下降（王方海等，1998）。有分析结果表明，滞育棉铃虫体内的蛋白浓度要显著高于非滞育虫态，在化蛹后的 15~60d，蛋白质浓度始终处于比较平稳的状态，说明蛋白浓度与棉铃虫滞育的发生与解除密切相关（Salama and Miller，1992），由此推测蛋白浓度与其他昆虫的滞育也相关。

目前对于昆虫的保护酶系的研究主要集中在 CAT、POD 以及 SOD，在昆虫体内的这几种酶与生长发育、代谢活动、抗逆性等方面具有重要作用，可以保护昆虫顺利越冬（Felton and Summers，1995）。有研究显示，松黄叶蜂 Neodiprion sertifer 在越夏期间，滞育蛹中的过氧化氢酶活性降低（Trofimov，1975）；对黑纹粉蝶 Pieris melete 的滞育展开分析注意到，与非滞育蛹进行比较，滞育蛹体内的过氧化氢酶与过氧化物酶活力明显更低（薛芳森，1996；薛芳森，1997）；在对二化螟 Chilo suppressalis 进行研究发现，与非滞育幼虫相比，滞育虫体内的过三种酶活性较高（林炜等，2007）；草地螟在滞育过程中过氧化氢酶、过氧化物酶、超氧化物歧化酶活性会提高，以顺利度过恶劣环境（张晓燕等，2015）。

目前对于茶足柄瘤蚜茧蜂的滞育研究中，涉及生理生化物质的研究较少，其滞育的生理机制尚不明确。本试验对茶足柄瘤蚜茧蜂滞育期间的生理生化物质进行测定，着重分析与非滞育虫态相比，这些生理生化物质的改变，以期为深入进行滞育研究提供一定的指导。

一、滞育蛹与非滞育蛹的获取

寄生性天敌茶足柄瘤蚜茧蜂、寄主蚜虫苜蓿蚜采自中国农业科学院草原研究所沙尔沁基地，供试寄主植物为蚕豆（Vicia faba）。

苜蓿蚜采自基地的羊柴（Hedysarum mongolicum）植株上，并转接在室内的水培蚕豆苗上繁殖，接虫后对蚕豆苗进行笼罩（100 目防虫网笼，55cm×55cm×55cm），确保苜蓿蚜未被天敌寄生，试验用 2~3 龄的苜蓿蚜若蚜作为寄主，在温室内饲养 5 代以上作为供试虫源。

从基地采集被寄生的苜蓿蚜僵蚜，从中挑取未羽化破壳的僵蚜置于人工气候箱温度为（25±1）℃，相对湿度为（70±1）%，光周期 L：D＝14h：10h 条件下培养，待蜂羽化后，挑选茶足柄瘤蚜茧蜂转移至试管（10cm×3cm）内，用20%的蜂蜜水作为补充营养，接入具有苜蓿蚜的蚕豆苗上，建立茶足柄瘤蚜茧蜂种群作为供试虫源，并在室温下用苜蓿蚜有效扩繁 10 代以上。取羽化 24h内的成蜂待用。

在室温下养虫笼中将刚羽化成蜂按 1：100 的蜂蚜比释放成对茶足柄瘤蚜茧蜂。根据试验室前期研究基础可知，苜蓿蚜若蚜被茶足柄瘤蚜茧蜂寄生后，寄生蜂卵继续发育 120 h，此时僵蚜体内寄生蜂处于高龄幼虫（3~4 龄）阶段，高龄幼虫是茶足柄瘤蚜茧蜂感受到滞育信号的敏感虫态，将此时的僵蚜放入人工气候箱中进行滞育诱导。高龄幼虫处于滞育环境条件时，并不会立刻停止发育，而是继续发育一段时间，经试验验证，当发育至蛹时，便不再继续发育。

诱导茶足柄瘤蚜茧蜂滞育的温光组合为，温度8℃、光周期 L：D=8h：16h，诱导时长为30d、45d、60d、75d，共设 4 个滞育处理组，每个处理 30 头蛹。我们选取经过滞育诱导的僵蚜进行解剖，对茶足柄瘤蚜茧蜂蛹进行收集，以获得滞育组样品，将解剖出的活蛹放入液氮中速冻暂时保存，对茶足柄瘤蚜茧蜂蛹进行收集，以获得滞育组样品，将样品放入−80℃冰箱中保存，以备使用；苜蓿蚜若蚜被茶足柄瘤蚜茧蜂寄生后，放置在（25±0.5）℃、相对湿度为（70±5）%、光周期 L：D=14h：10h、光照强度 8 800lx（人工气候箱，上海一恒公司 MGC−HP 系列）条件下，寄生蜂卵继续发育 168h（此时蚜茧蜂处于蛹态），将正常发育组样本记为滞育处理 0d，以方便后续统计。设置 1 个非滞育处理组，每个处理 30 头蛹。对僵蚜进行解剖，挑选饱满，有活力的蛹作为正常发育组样品放入液氮中速冻暂时保存，作为正常发育组样品，将收集好的样品放入−80℃冰箱中保存，方便后续试验使用。

二、茶足柄瘤蚜茧蜂蛹体糖类和醇类的提取与测定

将收集好的滞育蛹与正常发育蛹样品各 30 头从冰箱中拿出，用蒸馏水对虫体进行冲洗，结束后将体表水分用吸水纸吸干备用。对蛹体称重并记录，虫体质量（g）：提取液体积（mL）= 1：5，倒入研钵中对蛹进行研磨，将匀浆冰浴，将该组织匀浆在 4℃、8 000g 情况下，离心 10min，取上清液。参照试剂盒说明书对五组样品进行糖类和醇类的测定，每组样品重复测定 3 次。

1. 茶足柄瘤蚜茧蜂蛹体总蛋白浓度的提取与测定

将收集好的滞育蛹与正常发育蛹样品各 30 头从冰箱中拿出，将蛹体放于 2mL 离心管中称重并记录，每 0.1g 样品中加入 1 000μL 工作液，倒入研钵中对蛹进行研磨，用匀浆器在冰上匀浆，冰浴 10min，设离心机转动速度为 8 000r/min，离心 10min，取上清液。根据 SOD、CAT 和 POD 试剂盒（苏州科铭生物技术公司）说明书对试样完成测定，每组样品重复测定 3 次。

2. 酶液提取与保护酶活性测定

将收集好的滞育蛹与正常发育蛹样品各 30 头从冰箱中拿出，将蛹体放于

2mL 离心管中称重并记录，将蛹体放于 2mL 离心管中称重并记录，倒入研钵中加入液氮进行研磨，虫体质量（g）。磷酸盐缓冲溶液（0.05mol/L，pH 值为7.0）体积（mL）= 1 : 9，冰浴匀浆，设置离心机转速为 5 000r/min，在 4℃ 下离心 10min，取上清液即为酶液。对 SOD 活性来进行测定时，将匀浆稀释 10 倍，对 POD 及 CAT 完成活性测定时，直接用上清液。根据蛋白定量测试盒说明书对样品进行总蛋白测定，每组样品重复测定 3 次。

3. 数据统计与分析

运用 DPS 统计分析软件完成数据分析和模型模拟，使用 Duncan's 氏新复极差法完成差异显著性检验。

三、滞育期间茶足柄瘤蚜茧蜂糖类浓度的变化

1. 滞育期间茶足柄瘤蚜茧蜂总糖浓度的变化

茶足柄瘤蚜茧蜂在滞育不同时长条件下，测定的蛹体内的总糖浓度结果见图 3-4。滞育期间的茶足柄瘤蚜茧蜂蛹体内总糖浓度要高于非滞育状态下蛹体内的总糖浓度。在 5 个处理中，滞育 30d 时总糖浓度最高，平均浓度为120.47μg/mg，随着滞育时间的延长，总糖浓度逐渐降低。

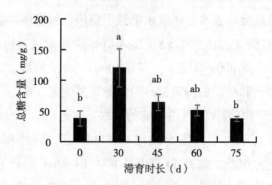

图 3-4　不同滞育时间蛹体内总糖浓度

2. 滞育期间茶足柄瘤蚜茧蜂海藻糖浓度的变化

茶足柄瘤蚜茧蜂在不同滞育时长下的海藻糖浓度见图 3-5。与其他 4 个滞育组处理相比，非滞育的茶足柄瘤蚜茧蜂蛹体内海藻糖浓度最低，为 5.62μg/mg，

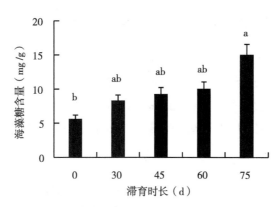

图3-5　不同滞育时间蛹体内海藻糖浓度

且随着滞育时间的延长，海藻糖浓度呈增加趋势，当滞育时长为75d时，海藻糖浓度最高，为15.06μg/mg。由此可以发现，在滞育期间，茶足柄瘤蚜茧蜂属海藻糖累积型。

3. 滞育过程中茶足柄瘤蚜茧蜂糖原浓度的变化

图3-6展示了茶足柄瘤蚜茧蜂在不同滞育时长处理下糖原浓度的变化。图3-6中滞育蛹体内的糖原浓度高于非滞育蛹，且随着滞育时间的延长，糖原浓度逐渐减少，与滞育蛹体内的海藻糖浓度变化呈相反的发展趋势，茶足柄瘤蚜茧蜂在滞育30d时，糖原浓度最高，为非滞育个体的5倍多，当滞育时间达到75d时，与非滞育个体相比，糖原浓度无显著差异。

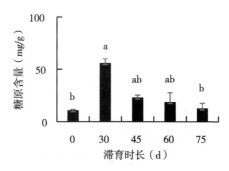

图3-6　不同滞育时间蛹体内糖原浓度

四、滞育时间对茶足柄瘤蚜茧蜂醇类代谢的影响

1. 滞育过程中茶足柄瘤蚜茧蜂甘油浓度的变化

图 3-7 展示了茶足柄瘤蚜茧蜂在不同滞育时长条件下蛹体内甘油浓度的变化。甘油在非滞育蛹体内浓度最低，为 3.6μg/mg，随着滞育时间的增加，甘油浓度也呈现上升趋势，当滞育 75d 时，甘油浓度最高，为 16.16μg/mg，是非滞育蛹的 4 倍多。

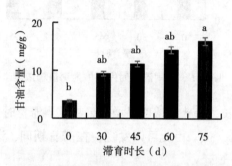

图 3-7 不同滞育时间蛹体内甘油浓度

2. 滞育过程中茶足柄瘤蚜茧蜂山梨醇浓度的变化

山梨醇在滞育的茶足柄瘤蚜茧蜂蛹与非滞育蛹体内的浓度变化见图 3-8。随着滞育时间的增加，山梨醇的浓度出现先增加后减少的趋势，当滞育 45d 时，出现山梨醇浓度的最大值，82.55μg/mg。从总体来看，非滞育蛹体内的山梨醇浓度低于滞育虫体，但与滞育 30d 相比，浓度差异不大。同时，滞育 60d 与 75d 的蛹，体内山梨醇浓度也无差异。

3. 滞育时间对茶足柄瘤蚜茧蜂蛋白浓度的变化

滞育期间茶足柄瘤蚜茧蜂蛋白浓度变化如图 3-9 所示。非滞育的茶足柄瘤蚜茧蜂蛹体内的蛋白浓度与滞育组的 4 个处理相比，非滞育组显著高于滞育组。随着滞育时间的增加，蛋白浓度越来越低。当滞育诱导时间为 30d 时，蛋白浓度仍有 18.31μg/mg，但是当滞育时间延长到 75d 时，蛋白浓度仅有 8.8μg/mg。

4. 滞育时间对茶足柄瘤蚜茧蜂体内保护酶活力的影响

表 3-7 展示了茶足柄瘤蚜茧蜂在不同滞育时长下体内的 POD、SOD、CAT 等 3 种保护酶的活性变化。非滞育蛹内 3 种酶活性均最低，随着滞育时间的延

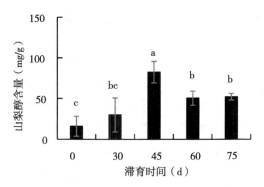

图3-8　不同滞育时间蛹体内山梨醇浓度

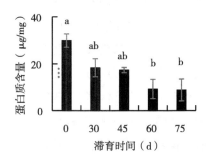

图3-9　不同滞育时间蛹体内蛋白浓度

长，活性均呈上升趋势。

表3-7　不同滞育时间下茶足柄瘤蚜茧蜂体内的保护酶活性

滞育时间（d）	POD 活性（U/mg）	SOD 活性（U/mg）	CAT 活性（U/mg）
0	3.99±0.54a	0.15±0.07a	3.26±0.26a
30	6.16±0.51b	0.18±0.06a	4.58±0.18b
45	6.26±0.29b	0.25±0.03b	5.57±0.44b
60	14.59±1.02c	0.37±0.04b	8.58±1.03c
75	17.85±0.68c	0.58±0.14c	10.97±0.76d

注：同列数据（平均值±标准误）后不同字母表示差异显著（$P<0.05$）（Duncan's 氏新复极差法）。

五、茶足柄瘤蚜茧蜂滞育蛹生化物质测定分析

昆虫在滞育期间代谢减弱，但仍需要大量能源物质来维持基本的生命活动，包括糖、醇、蛋白质等物质。有研究显示，麦红吸浆虫在不同滞育年份下，滞育虫态——幼虫，体内的总糖浓度无显著差异，表明该虫在滞育状态下，耗能极少，从滞育过程中的能量消耗来看，能够证明该虫滞育 12 年的可能性（仵均祥和袁锋，2004）。在本试验中，非滞育茶足柄瘤蚜茧蜂蛹体内的糖原浓度显著低于滞育 30d 糖原浓度，说明了在滞育期间糖原与抵抗低温有关。随着滞育时间的增加，总糖的浓度呈现降低的趋势，这也说明处于滞育状态的茶足柄瘤蚜茧蜂蛹仍需要较多能量维持生命活动。在茶足柄瘤蚜茧蜂滞育试验中观察到的滞育持续时间约 3 个月，可能与其滞育过程中耗能较大有关。

在冬滞育的昆虫中，大多数体内都会有浓度较高的甘油，甘油能够使昆虫体液冰点降低，使其具有较高的抗冻能力（Barnes，1969；Wu and Yuan，2004）。本次试验结果显示，滞育状态下的茶足柄瘤蚜茧蜂蛹体内甘油浓度高于非滞育状态，这个结果表明在滞育期间茶足柄瘤蚜茧蜂体内合成大量甘油。因此我们推测，滞育期间茶足柄瘤蚜茧蜂蛹体内甘油浓度的增加是虫体自身应对低温而引起的体内物质代谢转化，最终达到提高抗寒性的目的。而山梨醇随滞育时间的延长呈现浓度先增加后减少的趋势。

研究证明，处于滞育状态的多数昆虫是消耗蛋白质的，或将蛋白质转化为其他物质来参与一些代谢过程（Denlinger and Lee，2010）。在本次试验中也得出了相同结论，非滞育茶足柄瘤蚜茧蜂蛹体内有较高浓度的蛋白质，而在滞育情况下，蛹体内蛋白浓度降低，可能是为抵御不利环境而将蛋白质转化为其他物质，提供能量。而有研究表明，草地螟幼虫、棉红铃虫在滞育期间蛋白浓度会增加，从而提高虫体的防护能力，以顺利度过滞育阶段，因此在滞育过程中需要更多地蛋白来满足正常生命活动（Salama and Miller，1992；张健华等，2012）。

昆虫体内的 POD、CAT、SOD 是重要的防御系统保护酶，处于滞育状态的昆虫通过调节这些酶的活性来保护自身在不利条件下能够继续生存。有分析发现，CAT、SOD 和 POD 在滞育的幼虫体内，随着滞育时间的延长，酶活性会呈现增

强趋势（杨光平，2013）。在二化螟中发现，滞育幼虫中这3种酶的活性均高于非滞育幼虫（张晓燕等，2015）。在本次试验结果中，POD、CAT和SOD这3种酶在滞育过程中，随着滞育时间的延长，活性会逐渐增强，当滞育时间达到60d时，酶活性最高。

我们测定了滞育与非滞育茶足柄瘤蚜茧蜂蛹体内的总糖、海藻糖、糖原、甘油、山梨醇、总蛋白的浓度，结果发现，总糖、海藻糖、甘油、总蛋白浓度在滞育蛹与非滞育蛹中存在显著差异，而糖原与山梨醇则没有明显差异。在茶足柄瘤蚜茧蜂滞育过程中，滞育时间的不同，虫体内的生理生化物质的浓度、种类也不完全相同，这些物质的变化，与在逆境下保证虫体的生存密切相关，通过物质浓度变化的幅度，可以衡量茶足柄瘤蚜茧蜂蛹的抗寒性能力，但上述物质对滞育昆虫所起的作用，以及浓度发生变化的原因与变化机制仍需要作进一步的研究。

第四节　茶足柄瘤蚜茧蜂滞育贮藏技术

一、低温诱导滞育的敏感虫态

茶足柄瘤蚜茧蜂对低温敏感虫态的结果见表3-8。发育24h的寄生苜蓿蚜蜂处于卵阶段，在低温下死亡率高，没有滞育个体；在25℃下发育168h（7d）以上，寄生苜蓿蚜体内蜂已发育至蛹阶段，被置于10℃、12℃低温后，继续发育至成蜂羽化，没有滞育个体；在温度25℃下，发育120h处于高龄幼虫阶段，在8℃、10℃、12℃下继续发育至蛹便不再发育，进入滞育状态；其滞育率分别可达70.96%、62.25%、30.58%，在8℃下低龄幼虫有11.53%的滞育率。其他虫态在8℃、10℃、12℃下均无滞育个体出现。茶足柄瘤蚜茧蜂感受滞育信号的敏感虫态为高龄幼虫；其他虫态对滞育诱导信号均不敏感，蛹则为滞育虫态。

表3-8　茶足柄瘤蚜茧蜂感受滞育信号的敏感虫期

25℃下发育时间	处理的虫态	8℃	10℃	12℃
24h	卵	0.00±0.00Dd	0.00±0.00Cc	0.00±0.00Bb
72h	低龄幼虫	11.53±1.52Bb	1.15±2.31Bb	0.00±0.00Bb

（续表）

25℃下发育时间	处理的虫态	8℃	10℃	12℃
120h	高龄幼虫	70.96±1.82Aa	62.25±1.85Aa	30.58±1.12Aa
168h	蛹	2.17±1.76Cc	0.00±0.00Cc	0.00±0.00Bb

二、温度和光周期对茶足柄瘤蚜茧蜂滞育诱导

在不同光周期条件下茶足柄瘤蚜茧蜂蛹的滞育率差异显著（$P<0.05$），温度 8~12℃，随光照时长的缩短而增加：在温度为 8 ℃、长光照 L：D = 14h：10h 时，蛹的滞育率仅为 19.83%，而光照缩短为 L：D = 8h：16h 时，滞育率增至 73.58%，为长光照条件下的 3.7 倍；滞育率显著升高；温度为 10~12℃时，光周期对滞育的诱导作用有所下降，滞育率最高不超过 60%。温度为 14℃时，仅 L：D = 8h：16h 时有 6.51% 个体滞育，温度为 16℃时，无论是长光照还是短光照，蛹滞育率均为 0。由此可知茶足柄瘤蚜茧蜂属于典型的短日照滞育，光照时数越短，滞育率越高。茶足柄瘤蚜茧蜂蛹滞育率随温度下降而显著升高（$P<0.05$）。光周期为 L：D = 8h：16h 时，在 8℃下蛹滞育率为 73.58%；温度升至 12℃时，滞育率显著下降，仅为 21.36%；温度升至 16℃时，滞育率降为 0，蛹不滞育，说明相比光周期，温度对滞育发生起决定性作用（表3-9）。

表3-9 光周期和温度对茶足柄瘤蚜茧蜂滞育

光周期	温度				
	8℃	10℃	12℃	14℃	16℃
14L：10D	19.83±0.93Cc	15.71±1.11Cc	9.69±1.42Bb	0.00±0.00Bb	0.00±0.00Aa
12L：12D	25.67±1.07Cc	17.37±1.52Cc	11.26±1.63Bb	0.00±0.00Bb	0.00±0.00Aa
10L：14D	68.66±1.23Bb	39.20±2.57Bb	20.40±1.44Aa	0.00±0.00Bb	0.00±0.00Aa
8L：16D	73.58±0.85Aa	49.84±0.98Aa	21.36±1.03Aa	6.51±0.38Aa	0.00±0.00Aa

三、茶足柄瘤蚜茧蜂滞育诱导方法

在各温度下诱导历期对茶足柄瘤蚜茧蜂滞育的影响差异显著（表3-10）。结

果表明，各温度下，诱导历期10d时滞育率为0，为无效诱导；在8℃和10℃下，诱导30d和40d显著高于诱导10d和20d。在8℃下，持续诱导30d后，茶足柄瘤蚜茧蜂滞育率可达70%以上，继续维持诱导条件，滞育诱导率可小幅增长。考虑到经济成本的因素，生产中的建议组合是温度8℃、光周期 L：D＝8h：16h、持续诱导30d。

表3-10　茶足柄瘤蚜茧蜂滞育诱导

诱导时长	温度		
	8℃	10℃	12℃
10d	0.00±0.00Cc	0.00±0.00Cc	0.00±0.00Bb
20d	29.31±1.12Bb	25.98±1.90Bb	13.73±1.22Aa
30d	67.54±2.58Aa	40.63±0.94Aa	20.10±0.85Aa
40d	72.38±1.51Aa	43.63±2.1Aa	22.62±0.75Aa

四、低温贮藏处理对茶足柄瘤蚜茧蜂滞育解除的影响

结果如表3-11所示，将茶足柄瘤蚜茧蜂滞育僵蚜置于4℃下保存90d，其羽化率为80.2%，成蜂寿命11.23d，寄生率达80.61%，与对照组差异不显著，是解除滞育的最佳时机。滞育僵蚜冷藏120d，虽然成蜂寿命、寄生率明显低于对照组，但仍有69.64%的滞育僵蚜能正常羽化，成蜂寿命为7.28d，寄生率为51.26%。可见对于进入滞育态的茶足柄瘤蚜茧蜂（滞育僵蚜），保存于全黑暗、4℃条件下，贮存期可达90~120d。

表3-11　低温贮藏处理对茶足柄瘤蚜茧蜂滞育解除的影响

冷藏期（d）	处理僵蚜数	羽化率（%）	成蜂寿命（d）	寄生率（%）
30	100	85.13±0.71Aa	13.56±0.52AaBb	83.20±0.71Aa
60	100	82.59±1.58Aa	13.14±0.58AaBb	80.12±0.24Aa
90	100	80.20±1.22Aa	11.23±0.62Bb	80.61±1.31Aa
120	100	69.64±0.87Bb	7.28±0.61Cc	51.26±2.15Bb
非滞育僵蚜（CK）	100	82.33±0.96Aa	14.71±0.61Aa	78.82±1.11Aa

滞育是昆虫广泛存在的一种生理生态现象，是度过不良环境的重要生活史对策，许多昆虫通过滞育来维持种群和个体的生存（李文香等，2008；孙守慧等，2009）。昆虫进入滞育状态后，一般会较长时间处于低代谢的缓慢发育，或停滞发育状态，此时滞育昆虫即使不取食也能存活很长时间，这一特性为调控其生长发育进而应用于规模化繁殖，特别是延长天敌产品的货架期提供了一种可能途径（李玉艳等，2010；王伟等，2011）。光照和温度是诱导昆虫滞育的主要环境因素。一般认为低温有利于越冬滞育的诱导，而温度总是伴随着光周期的变化而影响昆虫滞育（李丽英，1992）。对内寄生昆虫，如赤眼蜂、蚜茧蜂的研究发现，这类昆虫与一些生活史不受光照影响的昆虫如土壤昆虫、木蠹蛾等相似，温度是诱发滞育的主要环境因子（李学荣等，1999）。

有关茶足柄瘤蚜茧蜂的研究很少且缺乏系统性，但在寄生蜂滞育方面有一些相关的研究。朱涤芳等报道，低温是诱导广赤眼蜂 Trichogramma evanescens 滞育的主要因素，恒温 15℃ 可以诱导该蜂滞育，滞育率在 91% 以上（朱涤芳等，1992）。本试验以茶足柄瘤蚜茧蜂为对象，在25℃培养120h，8℃、L：D＝8h：16h 条件下，连续诱导 30d，滞育率可达到 70%。从本研究试验结果可以得出：低温、短光照是诱导茶足柄瘤蚜茧蜂滞育的主要因素，温度起主导作用，光周期只在一定的温度范围内起作用。

一般滞育解除不受光周期的控制，大多数冬季滞育的昆虫必须经过一定时间的低温处理才能解除滞育，0～10℃下能显著促进滞育解除（牟吉元等，1997）。本试验研究了不同贮存时间下诱导滞育的茶足柄瘤蚜茧蜂的羽化率，以及成蜂寿命寄生率随冷藏时间的情况变化，结果表明贮存时间对茶足柄瘤蚜茧蜂解除滞育羽化率、寿命和寄生率均存在较大影响，从总体来看，保存 90d，其羽化率为80.2%，成蜂寿命11.23d，寄生率达80.61%，与对照组差异不显著，是解除滞育的最佳时机。

茶足柄瘤蚜茧蜂最佳滞育诱导条件为寄生卵 25℃培养 120h 后，转入 8℃、L：D＝8h：16h 连续诱导 30d；最佳滞育贮存条件为 4℃低温储存，但储存期不能超过 120d。上述试验结果都是在恒温下进行，诱导茶足柄瘤蚜茧蜂滞育的温度因素不仅是低温本身，因此进一步寻找诱导茶足柄瘤蚜茧蜂滞育的变温方法是下一步研究的方向。

第五节　防止茶足柄瘤蚜茧蜂种群退化技术及田间释放

茶足柄瘤蚜茧蜂基本上是在室内长期进行近亲繁殖来完成人工扩繁的，这种扩繁方式往往使茶足柄瘤蚜茧蜂的羽化率、产卵率、寿命、活性等严重下降，从而导致人工扩繁的茶足柄瘤蚜茧蜂种群质量严重下降，最终导致茶足柄瘤蚜茧蜂对苜蓿蚜的防控效果降低。因此如何防止人工扩繁茶足柄瘤蚜茧蜂种群退化成为目前至关重要的研究课题，这将间接关系到茶足柄瘤蚜茧蜂对苜蓿蚜防控技术的进程，甚至关系到苜蓿及其产品的安全性。

为解决现有技术中人工扩繁茶足柄瘤蚜茧蜂导致的茶足柄瘤蚜茧蜂种群质量严重下降，进而导致茶足柄瘤蚜茧蜂对苜蓿蚜的防控效果降低的缺陷，将提供一种防止茶足柄瘤蚜茧蜂种群退化的扩繁方法。

一、虫源与寄主植物

寄主植物蚕豆，品种为"青海3号"，寄主苜蓿蚜采自中国农业科学院草原研究所沙尔沁基地羊柴植株上，室内用盆栽蚕豆植株继代饲养。试验用2龄末至3龄初的苜蓿蚜作为寄主。

茶足柄瘤蚜茧蜂采自沙尔沁基地杨柴植株。将被寄生的苜蓿蚜僵蚜置于人工气候箱（25±1）℃，相对湿度为70%，光周期 L∶D＝12h∶12h 条件下培养，待蜂羽化后，挑选成蜂转移至试管（10cm × 3cm）内，用20%的蜂蜜水作为补充营养，按雌雄1∶1配对，接入具有500头苜蓿蚜的盆栽蚕豆苗上，12h后清除雌蜂。

待被茶足柄瘤蚜茧蜂寄生的苜蓿蚜形成僵蚜，再次出蜂，对刚羽化的成蜂进行收集，挑选成蜂转移至试管（10cm × 3cm）内，用20%的蜂蜜水作为补充营养，按雌雄1∶1配对，接入具有500头苜蓿蚜的盆栽蚕豆苗上，12h后清除雌蜂，此时等待再次被寄生的苜蓿蚜形成僵蚜，将羽化后的成蜂记为室内繁殖的第一批茶足柄瘤蚜茧蜂（F1）。重复上述茶足柄瘤蚜茧蜂室内繁殖方法，将至少繁育十代的茶足柄瘤蚜茧蜂作为人工繁育的试验组。选择个体大、光泽度好的僵蚜，将筛选后的僵蚜采集于试管内，并使用 100 目尼龙网袋覆盖试管口。

野外试验组的供试茶足柄瘤蚜茧蜂采自中国农业科学院草原研究所沙尔沁基地羊柴植株。在生态条件好、农药使用少的野外采集野外茶足柄瘤蚜茧蜂，当茶足柄瘤烟蚜茧蜂形成僵蚜时，选择个体大、光泽度好的僵蚜，将筛选后的僵蚜采集于试管内，并使用 100 目尼龙网覆盖试管口。

二、蜂种提纯、蜂种交配

将带僵蚜的试管置于培养温度为 25℃、湿度为 70% 的人工气候箱内进行培养，当试管内的僵蚜羽化成蜂后，剔除重寄生蜂及体弱、体残的茶足柄瘤蚜茧蜂，即完成提纯。

将蘸有 20% 蜂蜜水的棉球置于带有茶足柄瘤蚜茧蜂的试管中 2h，对茶足柄瘤蚜茧蜂进行体能补给。

将人工繁育的茶足柄瘤蚜茧蜂与野外的茶足柄瘤蚜茧蜂释放于同一试管内，保持试管内茶足柄瘤蚜茧蜂的雌雄比为 1∶0.5，当试管内茶足柄瘤蚜茧蜂的雌雄比例小于 1 时，清除试管内个体小、活性差的部分雄蜂；将上述试管放置在温度为 25℃、湿度为 50%、光照强度为 1 的环境中自然交配 8h，即完成人工繁育的茶足柄瘤蚜茧蜂与野外茶足柄瘤蚜茧蜂的交配。

三、繁育及筛选僵蚜并保存

选择发育快、体质健康、发育为 2 龄的茶足柄瘤蚜茧蜂的寄主苜蓿蚜，将茶足柄瘤蚜茧蜂与苜蓿蚜同时释放于温度为 25℃、湿度为 50% 的繁育室内进行自然繁育，繁育室内释放的蜂蚜比为 1∶50。

繁育室内的寄主苜蓿蚜开始形成僵蚜时，分期筛选和采集个体较大的僵蚜置于储存瓶中，并将储存瓶置于温度为 5℃ 的条件下保存，即得到繁育后的僵蚜。

使用上述方法得到的茶足柄瘤蚜茧蜂与现有技术中单纯人工繁育的茶足柄瘤蚜茧蜂在试验田中进行繁育并记录数据，其繁育后分别对两种茶足柄瘤蚜茧蜂进行体质检测，得到表 3-12 数据。

表 3-12　改进扩繁方法与传统繁殖方法对比

茶足柄瘤蚜茧蜂各项评价指标（100头僵蚜）	本试验扩繁的茶足柄瘤蚜茧蜂	现有技术中人工扩繁的茶足柄瘤蚜茧蜂
产卵期（d）	4.98	7.26
单雌平均产卵量（粒）	7.72	4.96
单雌总产卵量（粒）	53.21	26.13
羽化子蜂总数（头）	43.32	24.22
寿命	12.32（♀）；10.15（♂）	8.73（♀）；9.78（♂）

采用本方法，产卵期、单雌平均产卵量、单雌总产卵量、羽化子蜂总数、寿命等指标均优于传统在室内扩繁茶足柄瘤蚜茧蜂的方法。

四、低温贮藏

将僵蚜放置在条件为 8℃，光周期 L：D=8h：16h 的气候箱里，诱导产生的滞育僵蚜个体。将滞育僵蚜收集到培养皿中（直径 6cm，高 2cm），顶端用可透气纱网覆盖，试验共设 30d、60d、90d、120d 5 个贮藏时间，保存于 4℃、全黑暗、湿度 70%~80% 的冷藏箱内。每隔 30d 从冷藏箱中取出 100 头滞育僵蚜，放入温度 25℃、光周期 L：D=14h：10h 的人工气候箱中让其羽化，饲喂 20% 的蜂蜜水作为补充营养，交配 24h，然后进行接种，每对蜂接种 100 头 2~3 龄苜蓿蚜幼虫，寄生 24h 后取出。观察并统计冷藏不同时间后茶足柄瘤蚜茧蜂滞育僵蚜的羽化率、寿命及寄生率，以未冷藏处理的非滞育僵蚜为对照（CK）。每个处理 100 头滞育僵蚜，重复 3 次（表 3-13）。

表 3-13　低温贮藏处理对茶足柄瘤蚜茧蜂滞育解除的影响

冷藏期（d）	处理僵蚜数（头）	羽化率（%）	成蜂寿命（d）	寄生率（%）
30	100	85.13±0.71Aa	13.56±0.52AaBb	83.20±0.71Aa
60	100	82.59±1.58Aa	13.14±0.58AaBb	80.12±0.24Aa
90	100	80.20±1.22Aa	11.23±0.62Bb	80.61±1.31Aa
120	100	69.64±0.87Bb	7.28±0.61Cc	51.26±2.15Bb
非滞育僵蚜（CK）	100	82.33±0.96Aa	14.71±0.61Aa	78.82±1.11Aa

将茶足柄瘤蚜茧蜂滞育僵蚜置于4℃下保存30d和60d，与对照组差异不显著，当滞育僵蚜在4℃下保存90d时，与对照组相比，羽化率与寄生率无显著差异，仅成蜂寿命存在差异，从田间大规模应用上来考虑，差异应不是很明显，且为了满足可以长时间储存天敌的要求，90d是解除滞育的最佳时机。滞育僵蚜冷藏120d，虽然成蜂寿命、寄生率明显低于对照组，但仍有69.64%的滞育僵蚜能正常羽化，成蜂寿命7.28d，寄生率为51.26%。可见对于滞育的茶足柄瘤蚜茧蜂（滞育僵蚜），保存于全黑暗、4℃条件下，贮存期可达90~120d。

由上述数据可知，与现有技术中单纯通过人工繁育茶足柄瘤蚜茧蜂相比，通过本试验提供的繁育方法，提高了茶足柄瘤蚜茧蜂的质量和健康度，提高了茶足柄瘤蚜茧蜂的羽化数和产卵量，同时提高了茶足柄瘤蚜茧蜂的活性，使用本试验提供的扩繁方法繁育出的茶足柄瘤蚜茧蜂的适应性强，提高了茶足柄瘤蚜茧蜂种群的质量，防止了茶足柄瘤蚜茧蜂种群退化。且针对茶足柄瘤蚜茧蜂产品的应用提出了贮存方法，扩繁与贮存保证了茶足柄瘤蚜茧蜂在实际生产中的应用。

五、茶足柄瘤蚜茧蜂田间释放

目前，在应用茶足柄瘤蚜茧蜂防治苜蓿蚜的过程中，主要有释放成蜂和直接将茶足柄瘤蚜茧蜂的僵蚜放置在植物叶片上释放两种方式，由于蜂体较小，释放成蜂收集较困难；或者直接将该茶足柄瘤蚜茧蜂的僵蚜放置在植物叶片上不便僵蚜羽化、不宜悬挂、易受雨水、暴晒和风力等因素的影响。如2019年8月在中国农业科学院草原研究所沙尔沁基地苜蓿试验地，将人工繁殖的茶足柄瘤蚜茧蜂僵蚜进行释放，当时正遇阴雨天，对僵蚜羽化、茶足柄瘤蚜茧蜂活动极为不利，但防治效果与对照仍有区别。

茶足柄瘤蚜茧蜂从卵到成虫的发育均在蚜虫体内完成，因此，环境中的湿度通过蚜虫间接影响茶足柄瘤蚜茧蜂的生长发育。当环境湿度较低时，将导致茶足柄瘤蚜茧蜂幼虫不再向前发育，会延缓僵蚜的羽化。由此可见，湿度对茶足柄瘤蚜茧蜂僵蚜羽化有重要影响。可以通过对僵蚜羽化释放装置内增加湿度，从而保障茶足柄瘤蚜茧蜂僵蚜的羽化，为释放提供大量成蜂。因此，基于上述情况，需研制出一种既能保证茶足柄瘤蚜茧蜂的羽化出蜂量和活力，又能够适用于田间大面积释放茶足柄瘤蚜茧蜂僵蚜的羽化装置。

1. 茶足柄瘤蚜茧蜂僵蚜释放装置制作

茶足柄瘤蚜茧蜂僵蚜田间羽化释放装置，包括箱体、箱盖和伸缩立杆（图3-10）。

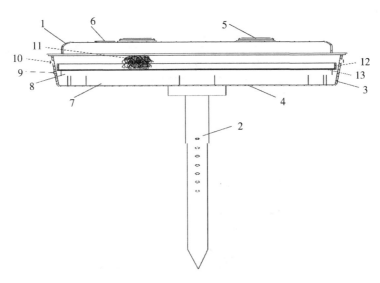

1-箱盖；2-伸缩立杆；3-箱壁；4-箱底；5-放大镜观察口；6-蜂蜜注射口；
7-回形水槽；8-吸水毛毡布；9-外部注水口；10-羽化出蜂孔；11-棉花；12-僵
蚜托板；13-纱网。

图3-10 僵蚜田间羽化释放装置剖面结构示意

透明箱盖可以很好地避免雨水以及高温暴晒对僵蚜所产生的不利影响，并提供适宜光照。在箱盖上设置4个放大镜观察口，采用高透明材料，便于实时观察羽化情况，实现可视化的目的，免开观察口，减少对僵蚜羽化的干扰。同时在箱体顶部设有可打开的蜂蜜注射口，用注射器伸入蜂蜜注射口内，将蜂蜜注射至棉花上，能够对羽化成蜂进行适当的营养补充。

透明箱体为横截面为长方形的中空结构，铁丝网挡板把箱体分成上、下两个部分，上面2/3部分放置僵蚜羽化槽，下面1/3部分位于箱体的底部放置回形水槽，回形水槽与外部注水口连接，在僵蚜羽化槽的下面垫有吸水毛毡布，水槽为储水蒸发槽可以保障羽化湿度，吸水毛毡布可以起到辅助加湿的作用，僵蚜托板上铺纱网，纱网能够避免虫从通孔漏下。其中箱体一侧外部设有 4 个外部注水孔，方便控制湿度，箱体的 4 个角设有通风网孔。在箱侧壁面上开有 5.0mm 的圆形羽化出蜂孔，使羽化的茶足柄瘤蚜茧蜂飞出寻找寄主，避免其他捕食性天敌进入（图 3-11）。

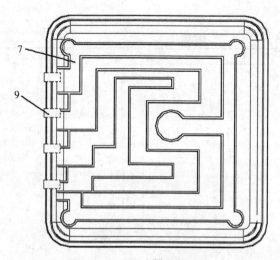

图 3-11 回形水槽隔板分布

伸缩立杆作为可伸缩的箱体支撑架，其结构形式及空间高度设置与蚜茧蜂的寄生习性相适应，为羽化后的蚜茧蜂飞出装置寻找苜蓿蚜寄生提供了便利，不会因为提供保护而导致对其寄生过程造成任何障碍。

2. 茶足柄瘤蚜茧蜂僵蚜释放装置实用方法与效果

田间释放应选择苜蓿蚜点片发生高峰期后 3~5d，将僵蚜置于田间僵蚜羽化释放装置中（图 3-12）。如果田间苜蓿蚜发生量较大，可分批多次释放，提高防治效果。茶足柄瘤蚜茧蜂僵蚜田间羽化释放装置具有如下优点：一是通过回形水槽及吸水毛毡布对箱内进行保湿，满足茶足柄瘤蚜茧蜂僵蚜羽化所需要的湿度，为僵蚜羽化提供良好环境；二是刚羽化出来的茶足柄瘤蚜茧蜂可以在设有蜂蜜水饲喂装置中得到适当的休息和营养补充，提高茶足柄瘤蚜茧蜂活力及控害效果；三是箱盖设 4 个免开观察口，观察口配备放大镜功能盖子，便于实时观察羽化情

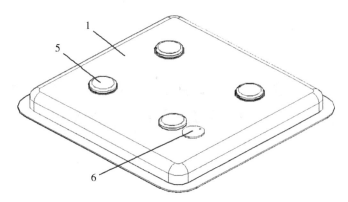

图 3-12　僵蚜田间羽化释放装置箱盖的结构示意

况，实现可视化的目的，免开观察系统，减少对僵蚜羽化的干扰；四是该装置内的小气候环境更接近自然环境，具有较好透气、防雨、遮阳、保湿功能，更利于茶足柄瘤蚜茧蜂僵蚜的羽化，并能保证茶足柄瘤蚜茧蜂的羽化出蜂量和活力；五是伸缩立杆，根据防治植物的高度，进行箱体高度的调节，携带方便；六是密封环境避免捕食性天敌对僵蚜的破坏，防治害虫的效果大幅提高；七是操作简单、使用方便、可以重复使用、易于搬迁拆装，是一种防治效果更优的生物防治装置。

第四章　转录组学、蛋白组学与
代谢组学研究现状

随着组学时代的到来，组学技术在生物学的研究中得到越来越广泛的应用，尤其是基因组学以测序为首引领着组学的蓬勃发展。本章主要简述转录组学、蛋白质组学、代谢组学在昆虫学研究领域的进展。随着科学技术的发展，组学越来越受到人们的关注，也越来越多地应用于各大学科的科研方法中。因此，不难想到组学在昆虫学的研究中有着大量的应用。组学不仅是在技术上对科学技术有着极大的推动作用，在思想上，也给科研提供了更多更新的思路。

第一节　转录组学研究

在所有昆虫种类中，寄生性昆虫约占 20%，主要涉及膜翅目、双翅目及鞘翅目。其中寄生蜂，也就是寄生性膜翅目昆虫种类最多。已知的寄生蜂种类超 10 万种，据估计仍有 50 余万种尚未被发现或鉴定，其物种多样性远比其他膜翅目昆虫丰富的多。寄生蜂可以导致寄主种群个体大量死亡，因此应用寄生蜂来防治害虫在实际生产中得到了广泛应用。

转录组（transcriptome）一般情况下指的是一定的生理状态下，细胞中mRNA（信使 RNA），rRNA（核糖体 RNA），tRNA（转运 RNA），包括不编码蛋白质的 Non-coding RNA 在内的全部转录产物的集合，它能够反映生命体在不同生长发育阶段、不同器官组织、不同生理生化状态与不同生存环境下基因的表达模式。对昆虫进行转录组学研究，为研究人员对害虫防治、药物开发、疾病防治、昆虫谱系地理学、生物进化等方面进一步研究提供了机会。如灰飞虱 *Laodel-phax striatellus* 转录组信息揭示了其传毒机制，烟粉虱 *Bemisia tabaci* 通过转录组图谱为其抗药性提供依据。

尽管新一代测序技术（NGS）具有快速、高效、经济等优点，但由于重视程度不够，经费资助力度不足或其他原因，对于大多数生物而言，全基因组测序仍较为困难（De Wit et al., 2012）。为此，针对这些生物研究人员提出了简化基因组的测序策略。从全基因组水平鉴定变异位点，这些方法提供了高效的途径，但鉴定到的位点在整个基因组分散，且这些位点常常位于非编码区，所以不能提供包含这些变异位点所在序列的功能信息。

转录组测序是另一类简化基因组测序的策略。随着近年来高通量测序技术的不断发展，转录组学的研究模式也发生了巨大的变化。新一代高通量测序技术所衍生出的转录组测序为非模式生物的研究带来了机遇。转录组测序专注于研究功能位点，能够代表基因组中大多数适应性位点，已成为研究基因发掘、基因表达、功能鉴定、遗传多样性及适应性进化等的强大工具。利用高通量测序技术对昆虫不同生长阶段的基因表达与调控机制进行研究，可以帮助我们了解基因转录图谱在整个发育过程中的动态变化，为害虫防治和益虫保护提供分子依据早期完成的寄生蜂基因组测序种类少，对寄生蜂基因家族的研究主要依赖转录组数据，以此来完成对某个基因家族或者某一类基因家族的研究，如化学感受蛋白（CSPs），气味结合蛋白（OBPs），气味受体（ORs）等单个基因家族等。

由于转录组测序技术高通量、操作简便的特性，目前在许多物种的滞育研究中都有应用。Poelchau 等人利用 454 测序平台对白纹伊蚊 *Aedes albopictus* 开展滞育研究，对滞育准备期卵与非滞育卵进行转录组测序，结合比较分析，了解到与细胞结构、细胞增殖、内分泌信号、代谢、能量合成相关基因的差异表达情况。转录组测序技术在寄生蜂研究领域的应用主要集中在以下几方面。

一、鉴定寄生蜂化学感受基因

化学感受基因仅在很少的寄生蜂物种得到鉴定，包括菜蛾盘绒茧蜂 *Cotesia vestalis*，中红侧沟茧蜂 *Microplitis mediator*，腰带长体茧蜂 *Macrocentrus cingulum*，

班氏跳小蜂 *Aenasius bambawalei*。廖成武（2018）根据已有的转录组数据鉴定出斑痣悬茧蜂 *Meteorus pulchricornis* 多种化学感受基因，利用转录组测序方法鉴定出斑痣悬茧蜂触角和产卵器中参与嗅觉系统的 OBPs 基因、CSPs 基因、SNMPs 基因、IRs 基因、ORs 基因等五种嗅觉相关基因，在触角转录组鉴定出 CXEs 基因、GSTs 基因（廖成武，2018）。相关研究人员通过转录组测序技术构建了烟蚜茧蜂触角转录组。

二、寄生蜂对寄主调控机理的研究

1. 寄生蜂对寄主免疫系统的调控

昆虫应对不同的外源物入侵，产生的防御策略也不同，寄生蜂为在寄主体内创造出更有利于其生存的环境，产生了一套应对寄主免疫抑制反应的策略。能否破坏寄主的细胞免疫和体液免疫，是影响寄生蜂生存的第一步。

寄生蜂能够在寄主体内寄生成功的关键是寄生蜂体内携带的某些因子，这些因子主要有在主动防御中发挥作用的毒液多分 DNA 病毒（PDV）、畸形细胞和在被动防御中发挥作用的卵巢蛋白、幼蜂胚胎分泌物等。这些寄生因子能够改变寄主的血细胞数量及比例，抑制血细胞的延展和黏附能力，导致寄主的包囊能力被削弱，使寄生蜂能够逃避攻击，同时，寄生蜂还可以诱导寄主细胞的裂解与凋亡。目前对于寄生因子的研究主要集中在毒液和 PDV。

寄生蜂由于虫体体积的限制，只能携带少量的毒液蛋白，采用传统生化方法对寄生蜂毒液蛋白进行分离与鉴定存在很大困难，因此研究也受到了限制。分子生物学技术和高通量测序技术的广泛应用，促进了对毒液蛋白的研究，例如，通过蝶蛹金小蜂 *Pteromalus puparum* 毒腺 c DNA 文库，克隆了活性蛋白和酶基因 c DNA序列，这些活性蛋白包括酸性磷酸酶、碱性磷酸酶、钙调蛋白等，开展了相关的转录模式检测、重组蛋白表达、抗体制备、免疫组织定位等研究，揭示了这些酶或蛋白在寄生蜂寄生过程中发挥的作用，发现了一些受毒液调控寄主免疫的靶标（如细胞骨架、细胞周期等），毒液通过抑制这些靶标基因的转录丰度来影响寄主的免疫功能。

体液免疫中存在 3 种常见的重要免疫因子，包括抗菌肽（AMPs）、溶菌酶以及酚氧化酶（PO），可以保护寄主免受外源物入侵。当寄生蜂寄生时，寄主体内会快速生成抗菌肽和溶菌酶。当蒙氏桨角蚜小蜂 Eretmocerus mundus 幼虫将烟粉虱穿刺进入体内后，寄主通过提高 Knottin 基因转录水平，来抵御寄生（Mahadav et al., 2008）。果蝇 Drosophilidae 被寄生蜂寄生后，参与 JAK/ STAT 通路与 Toll 通路的 dome、hop、nec、TI 等基因出现差异性表达（Wertheim et al., 2005）。寄生蜂通过抑制血淋巴黑化反应来破坏寄主的体液免疫，可调节与该反应相关基因的转录水平。在黑化级联反应中，酚氧化酶是反应的最终产物，可将多巴、酪氨酸、多巴胺等物质氧化成黑色素，并杀死寄生蜂卵。寄生蜂寄生果蝇和云杉色卷蛾 Choristoneura fumiferana 后，虫体内酚氧化酶基因出现差异性表达。Mahadav 等（2008）通过对被蒙氏桨角蚜小蜂寄生完成的烟粉虱进行的转录组测序，发现烟粉虱丝氨酸蛋白酶抑制剂基因表达受到抑制，导致黑化反应发生减少。

昆虫自身的免疫系统依赖于模式识别受体，如肽聚糖识别蛋白（PGRPs）、β-1，3-葡聚糖识别蛋白（GRPs）、C 型凝集素（CTLs）和清道夫受体（SRs）。它们能作为调理素，增强吞噬细胞的吞噬功能，激发信号传导研究发现，菜粉蝶被蝶蛹金小蜂寄生后，肽聚糖识别蛋白、β-1，3-葡聚糖识别蛋白、C 型凝集素和清道夫受体-C-like 在转录水平下调表达，清道夫受体 Class B 在转录水平上调表达，表明这些识别受体在转录水平上受到调控（朱宇，2012）。果蝇被反颚茧蜂 Dacnusa sp. 寄生以后，体内的 PGRP-SB1 与 PGRP-LB 显著上调表达。匙胸瘿蜂寄生果蝇以后，果蝇体内的 PGRP-SD 与 PGRP-SA 的黄粉虫 Tenebrio molitor 被寄生蜂寄生后，GRP、PGRP 和 3 个 C 型凝集素基因均上调表达。二化螟盘绒茧蜂 Apanteles chilonis 寄生二化螟 Chilo suppressalis 被以后，二化螟血细胞和脂肪体内的 CTL 和 GRP 上调表达。

2. 调控寄主脂质合成

研究发现，被寄生蜂寄生的棉蚜 Aphis gossypii 与未被寄生的棉蚜相比，几乎所有与甘油酸三酯合成相关的基因都发生了上调表达，多数达到显著上调水平，进一步证明了寄生蜂可调节寄主脂质合成这一结论。棉蚜被棉蚜茧蜂寄生后，高雪珂（2019）对棉蚜进行转录组测序，重点分析了甘油磷脂、鞘磷脂及甘油酯质代谢途径和脂肪酸合成途径。研究结果表明，在被寄生的棉蚜体内，这些途径中关键基因显著表达，Gpam 增加 7.8 倍，溶血磷脂合成基因（Agpat3、Cds1、Lp-gat1、Pgs1 和 Pla2g2e）表达显著上升。溶血磷脂的神经毒性作用，低剂量时可使细胞溶解。棉蚜茧蜂通过调节棉蚜生理环境，促进寄生蜂利用寄主营养物质。有研究报道，在被寄生蜂寄生的蚜虫体内，糖酵解途径中所有脂代谢相关基因均显著表达。此外，寄生作用还能促进糖酵解和三羧酸循环。结合转录组信息，发现棉蚜被棉蚜茧蜂寄生后，脂肪酸合成通路相关基因被激活（高雪珂，2019）。

三、寄生蜂携带的病毒

2017 年国际病毒分类委员会（ICTV）发布第十次报告，并结合其网站公布的数据，统计出目前已知的病毒/类病毒至少包含 9 目 131 科 5 268种，其中感染无脊椎动物如昆虫的至少有 24 科。在 220 种无脊椎动物样品中应用转录组测序发现 1 445种新的 RNA 病毒等对仓蛾姬蜂 Venturia canescens 中的 2 个品系的差异表达基因应用 c DNA-AFLP 技术进行对比分析，结果发现了存在与小 RNA 病毒类似的 c DNA 片段，且在不同品系中基因的表达量有显著差异，将其命名为仓蛾姬蜂小 RNA 病毒（Vc SRV）。

在瓢虫茧蜂 Dinocampus coccinellae 及其寄生寄主大斑长足瓢虫 Coleomegilla maculata 转录组中发现的一种传染性软腐病病毒——瓢虫茧蜂麻痹病毒（Dc PV），参与瓢虫茧蜂对寄主的行为调控。

对棉铃虫齿唇姬蜂病毒（Cc IV）、双斑侧沟茧蜂病毒（Mb BV）和菜蛾盘绒茧蜂病毒（Cv BV），这 3 种寄生蜂病毒在寄主体内时空转录的模式、基因种类（Ankyrin、PTP、EP-1-like、Cysteine motif 和 cysteine-rich trypsin inhibitor-like等）进行了分析，并对部分转录基因进行了克隆和免疫定位分析。依据序列同源性和它们在寄主血细胞中的快速、高丰度转录特点，推测了这些基因在寄生早期对寄主的细胞免疫抑制作用。通过测定寄生后寄主或脂肪体的转录组鉴定了二化螟绒茧蜂病毒（Cch BV）、Mb BV 中的部分编码基因家族和序列。

四、寄生蜂滞育的研究

昆虫在滞育期间特异性表达，而在非滞育阶段不表达或表达极微量的一类蛋白质，如储藏蛋白、抗冻蛋白、热休克蛋白、分子伴侣及酶等，我们称为滞育关联蛋白，它们在滞育昆虫的能量代谢、表皮黑化、脂肪积累、免疫调节等生命活动中发挥重要作用。在对滞育关联蛋白进行研究的同时，也逐渐开始应用转录组测序技术探索编码蛋白的基因以及小型寄生蜂的滞育遗传机制。

2014 年 Chen 等对编码麦蛾柔茧蜂 *Habrobracon hebetor* 热休克蛋白 Hsp70 的 3 个基因（Hh Hsp70I、Hh Hsp70II 及 Hh Hsp70III）进行了测序，并对它们的表达特征进行研究，结果发现对于改变饲养条件，3 个基因的表达量不完全相同。在遗传机制的研究方面，2016 年，Paolucci 等对丽蝇蛹集金小蜂进行 QTL 分析，结果发现在小蜂的 1 号和 5 号染色体上分别存在一个特殊区域，在这个区域中存在生物钟基因 period、cycle 和 cryptochrome，与利用光周期诱导小蜂滞育有关；通过 RNA 干扰技术敲除小蜂的生物钟基因 period，发现短光照不能诱导小蜂滞育，但低温仍然可以诱导小蜂进入滞育状态，由此可以推测生物钟基因 period 不直接决定丽蝇蛹集金小蜂滞育，而是影响其对光周期的感应（Mukai et al.，2016）。2017 年，安涛等对烟蚜茧蜂正常发育、滞育、滞育解除组样本进行 de novo 双端测序，根据测序结果，共获取 40 477 个 unigene，458 个非滞育组与滞育组差异表达基因，298 个滞育组与滞育解除组差异表达基因，进一步筛选出滞育组与非滞育及滞育解除组显著差异、但非滞育组与滞育解除组无显著差异的滞育关联基因 59 个，对这 59 个滞育关联基因进行 GO 富集分析与 KEGG 通路表达分析，根据功能注释发现这些滞育关联基因与烟蚜茧蜂自身防御、耐寒性、脂类代谢、表皮黑化、转录调控等途径相关，是影响烟蚜茧蜂滞育进程的重要调控和参与基因（安涛等，2017）。

五、寄生蜂神经肽的研究

董帅（2012）应用 Illumina 测序技术对被菜蛾盘绒茧蜂寄生的小菜蛾 *Plutella xylostella* 脑组织进行转录组测序，最终拼接后得到 42 441 个 unigene 序列。基于转录组测序结果的物种分布发现，同源序列主要集中在已完成基因组测序且生物信息学较为成熟的物种。根据小菜蛾脑组织转录组 Nr 注释结果，找到 19 种神经肽基因的同源序列，通过反转录验证了其中 6 个神经肽基因的存在，包括 A 型咽侧体抑制肽 AstA，咽侧体活化肽 AT，鞣化激素 BUR 及 PBUR，促前胸腺激素 PTTH 和类甲壳心律肽 CCAP（董帅，2012）。

小菜蛾幼虫被菜蛾盘绒茧蜂寄生与假寄生后，对其神经肽转录趋势进行研究发现，神经肽基因的转录规律与小菜蛾幼虫不同龄期的蜕皮活动相关。小菜蛾被菜蛾盘绒茧蜂寄生后的神经肽转录水平可以分为转录水平下调型和转录水平上调型。小菜蛾被假寄生后的神经肽分为转录水平平稳型和转录水平波动型。通过对未寄生、寄生与假寄生的转录规律水平比较发现，小菜蛾幼虫被菜蛾盘绒茧蜂寄生或假寄生后，某些神经肽基因转录受到影响，且转录峰出现的时间被推迟，但是转录趋势不变（李明天，2014）。

例如贺华良等人对于黄曲条跳甲应用新一代高通量测序技术 Illumina's Solexa 平台对黄曲条跳甲成虫的转录组进行测序。结合 GO 数据库进行分析，发现大部分的 unigene 具结合能力和催化活性；上百种 unigene 可聚类于生物学过程分类中的配子发生、生殖腺发育和交配行为等重要功能。有助于深入研究黄曲条跳甲行为发生的内在机理（贺华良等，2014）。从而可以阐明害虫的行为学机理，对于农业保护等方面有着重要的作用。又如刘莹等人通过对 5 种鳞翅目害虫转录组的生物信息学分析，鉴定出 13 种与抗药性相关的基因。同时，对这 5 种鳞翅目昆虫中部分 Bt 受体相关的基因做了多序列比对和进化分析，从多物种、多基因的角度提出对农药抗性的系统性研究（刘莹等，2012）。对于新抗虫药物的研制以及新的抗虫靶向提供了研究思路。

基于当前寄生蜂转录组的研究现状，结合国内外昆虫领域的研究热点以及应用寄生蜂防控农林害虫的需求，本研究提出 2 个关于寄生蜂转录组在未来研究中应重视的方面。

一是加强寄生蜂转录组、蛋白质组、代谢组等多组学结合的研究。目前多组学结合对昆虫进行研究已经有了较广泛的应用。通过对二斑叶螨 *Tetranychusurticae* 滞育与非滞育成虫转录组与蛋白组联合分析，确定了 Ca^{2+} 信号通路在其滞育调控中的实际作用对褐飞虱 *Nilaparvata lugens* 进行了转录组和蛋白组联合分析，研究了与繁殖力相关基因的功能，为褐飞虱的防治提供了参考靶标基因。在寄生蜂的研究中，目前只有转录组与蛋白组联合分析揭示烟蚜茧蜂的滞育机制。应用多组学联合分析将更有利于对寄生蜂分子机制的研究。

二是探索针对寄生蜂第三代测序技术的应用研究。第二代测序技术衍生出的转录组测序技术被广泛应用于分子机理的研究，目前一种新型测序技术——第三代测序技术的出现又为基因组学、转录组学及 DNA 甲基化等研究注入了新活力（曹晨霞等，2016）。第三代测序技术已经在转录组测序中成功应用于人类造血组细胞中的巨核细胞、一类蘑菇形状真菌类，但尚未见到第三代测序技术在寄生蜂转录组中的应用。第三代测序技术相较第二代测序技术具有通量更高、速度更快、读长更长、假阳性率更低等诸多优点，在未来寄生蜂研究中有着巨大的发展潜力。

农业害虫对农作物造成了巨大的损失，寄生蜂在害虫生物防治中发挥了重要作用，其中茧蜂科和小蜂总科是寄生农业害虫最主要的 2 个科，目前对寄生蜂的研究也主要集中在这 2 个科。对寄生蜂转录组的测序概况及在寄生蜂不同方面的研究应用进行总结和概括，以期对寄生蜂转录组的进一步研究和应用提供新思路。

第二节　蛋白组学研究

尽管现在已有多个物种的基因组被测序，但在这些基因组中通常有一半以上基因的功能是未知的。而蛋白质是生理功能的执行者，是生命现象的直接体现者，对蛋白质结构和功能的研究将更有助于我们直接阐明生命在生理条件下的变化机制。蛋白质本身的存在形式和活动规律，仍需要我们利用蛋白质组研究技术直接对蛋白质进行研究来解决。虽然蛋白质的可变性和多样性等特殊性质导致了蛋白质研究技术远比核酸技术复杂和困难得多，但正是这些特性参与影响着整个生命过程。因此，在 20 世纪 90 年代中期，国际上产生了一门新兴学科，蛋白质组学，它是以细胞内全部蛋白质的存在及其活动方式为研究对象。蛋白质组（Proteome）一词，源于蛋白质（protein）与基因组（genome）两个词的组合，意指"一种基因组所表达的全套蛋白质"，即包括一种细胞乃至一种生物所表达的全部蛋白质。蛋白质组学本质上指的是在大规模水平上研究蛋白质的特征，包括蛋白质的表达水平，翻译后的修饰，蛋白与蛋白相互作用等，由此获得蛋白质水平上的关于疾病发生、细胞代谢等过程的整体而全面的认识。蛋白质组的概念与基因组的概念有许多差别，它随着组织、甚至环境状态的不同而改变。在转录时，一个基因可以多种 mRNA 形式剪接，并且同一蛋白可能以许多形式进行翻译后的修饰，故一个蛋白质组不是一个基因组的直接产物，蛋白质组中蛋白质的数目有时可以超过基因组的数目。

蛋白质组学对于生物科学的发展有着至关重要的作用，当然应用于其他生物的蛋白质组学的技术也可以应用于昆虫学。比如在神经生物学中，对果蝇突变体（fmr1）进行蛋白质组学研究，发现该突变体中苯丙氨酸羟化酶与 GTP 水解酶表达差异显著，它们与多巴胺及 5-羟色胺合成密切相关。在发育生物学，钟伯雄研究了家蚕 *Bombyxmori* 胚胎期蛋白质组成变化情况，发现从临界期到点青期，家蚕体内卵特异性蛋白、30K 蛋白表达量较高；由点青期到转青期再到蚁蚕期，家蚕体内酸性蛋白明显增多，卵特异性蛋白、30K 蛋逐渐消失。

可以说，研究方法既可以推动蛋白质组学的发展也可以限制其发展，蛋白质组学研究成功与否，速度快慢，很大程度上取决于研究方法水平的高低。蛋白质研究方法远比基因复杂和困难：不仅氨基酸残基种类远多于核苷酸残基（20/4），而且蛋白质有着复杂的翻译后修饰，如磷酸化和糖基化等，给分离和研究蛋白质带来很多困难。另外，蛋白质体外表达和纯化也并非易事，从而难以获得大量的目标蛋白。蛋白质组的研究实质上是在细胞水平上对蛋白质进行大规模的平行分离和分析，往往要同时处理成千上万种蛋白质。因此，发展高通量、高灵敏度、高准确性的研究方法和技术平台是现在乃至于相当一段长时间内蛋白质组学研究中的重点和难点。

昆虫是传播病毒的重要中间宿主之一，无论是人类病毒还是植物病毒、动物病毒，几乎都与昆虫有关，因此依靠蛋白质组学技术探究昆虫对于病毒的传播的方式和能力，对于医疗卫生方面有着重要的意义。利用蛋白质组学比较麦长管蚜 *Sitobionavenae* 大麦黄矮病病毒（BYDV-PAV）传播能力差异品系间的表达差异，研究大麦黄矮病病毒传播与麦长管蚜间关系。

蛋白质组为抗虫转基因植物产品安全性研究提供了一个与传统方法完全不一

样的方法。可以用于探究具有高抗虫活性的转基因作物的产品对人的健康的安全性、营养价值与传统食品存在的分别，以及转基因植物发生了什么样生理变化等问题，为食品安全检测提供了更为可靠的方法。

昆虫在滞育期间特异性表达，而在非滞育阶段不表达或表达极微量的一类蛋白质，如储藏蛋白、抗冻蛋白、热休克蛋白、分子伴侣及酶等，我们称为滞育关联蛋白，它们在滞育昆虫的能量代谢、表皮黑化、脂肪积累、免疫调节等生命活动中发挥重要作用。在对滞育关联蛋白进行研究的同时，也逐渐开始应用转录组测序技术探索编码蛋白的基因以及小型寄生蜂的滞育遗传机制。

近年来发展起来的定量蛋白质组学指的是把一个基因组表达的全部蛋白质或一个复杂的混合体系中的目标蛋白质进行精确定量和鉴定。这一概念的提出，标志着蛋白质组学技术的不断改进和完善。蛋白质组学研究已从简单的定性向精确的定量方向发展。同位素标记亲和标签技术（ICAT）利用同位素亲和标签试剂，预先选择性地标记某一类蛋白质，分离纯化后进行质谱 MS 鉴定。根据 MS 图上不同同位素标记亲和标签试剂标记的一对肽段离子的强度比值定量分析样品的相对丰度。ICAT 技术每次试验只能对两个样品进行相对定量。而新近出现的多重元素标记的同位素标记相对和绝对定量（iTRAQ）技术在一定程度上解决了这一问题。该技术利用多种同位素试剂标记蛋白多肽 N 末端或赖氨酸侧链基团，经高精度质谱仪串联分析，可同时比较多达 8 种样品之间的蛋白表达量，是近年来定量蛋白质组学常用的高通量筛选技术。与双向凝胶电泳（2DGE）这样的传统方法相比，iTRAQ 技术有着不可比拟的优点。可对 4 种或 8 种不同类型样品中蛋白质的相对含量或绝对含量同时进行比较，试验效率高；因为 iTRAQ 技术对试验过程中的所有蛋白都可以进行有效标记，所以还可以通过此技术对翻译之后的糖基化蛋白和磷酸化蛋白来展开定性和定量的探究。

应用 iTRAQ 技术对滞育准备阶段与滞育过程中的淡色库蚊进行蛋白组分析，共鉴定出差异表达蛋白 244 个，包含 126 个上调蛋白种和 118 个下调蛋白。结合生物信息学，分析得出这些差异表达蛋白主要与这些途径相关，包括糖代谢、能量代谢、脂代谢、蛋白质转运、细胞骨架重塑等采用 iTRAQ 技术对伞裙追寄蝇滞育蛹与非滞育蛹的蛋白进行鉴定，共鉴定到蛋白 1 055 种，其中差异蛋白 95

种，包括 24 种上调表达蛋白和 71 种下调表达蛋白，对差异蛋白进行 GO 功能注释与 KEGG 通路富集，发现在滞育蛹中存在与抗寒性相关的蛋白——热休克蛋白，并且该蛋白在滞育的伞裙追寄蝇蛹中呈上调表达。在糖代谢、能量代谢、脂质代谢、氨基酸代谢途径中，这些差异蛋白也存在不同程度的上调或下调表达，表明伞裙追寄蝇通过降低自身的能量消耗和促进自身的贮存物质分解来供能。利用 iTRAQ 技术对大猿叶虫滞育准备期雌成虫头部蛋白进行鉴定，最终鉴定到 3 175 个蛋白，其中差异表达蛋白 297 个，包括 141 个上调表达蛋白，156 个下调表达蛋白。根据 COG 功能分析，上调表达蛋白主要集中在糖代谢和运输、脂代谢等途径。根据 KEGG 富集分析发现，脂肪酸结合蛋白（FABP）既在 peroxisome proliferator-activated receptor 信号中注释，又在脂肪消化和吸收通路中注释。

此次差异分析，在两组样品中共同鉴定到的蛋白（非共同鉴定到的蛋白无法确定上下调）共 7 251 个，差异显著的蛋白总数为 135 个，筛选出显著上调的蛋白总数为 38 个，显著下调的蛋白总数为 97 个；GO 注释到的差异蛋白数为 90 个，富集到 154 条 term，共有 44 个 GO 条目显著富集，在生物过程部分，参与有机物代谢的蛋白数最多，高分子代谢和蛋白质代谢次之；在细胞组分部分，与胞内细胞器和细胞质功能相关的蛋白数较多；在分子功能部分，参与结构分子活性和核糖体结构成分的蛋白质数量较多；与天冬氨酸转运、L-谷氨酸转运、胆碱脱氢酶活性、胆碱生物合成甘氨酸甜菜等条目相关的蛋白质在滞育阶段显著上调表达；KEGG 注释到 64 个差异蛋白，共富集到 97 条 KEGG 通路，对富集通路进行显著性分析发现，除与人类疾病相关的通路外，有 3 条途径显著富集到 KEGG 通路上，分别是核糖体、氧化磷酸化和逆行内源性大麻素信号，而富集到这些条目及通路中的蛋白质与能量代谢及抗逆性有密切关系。

第三节　代谢组学研究

代谢组学的概念来源于代谢组，代谢组是指某一生物或细胞在某一特定生理时期内所有的低分子量代谢产物，代谢组学是以组群指标分析为基础，以高通量检测和数据处理为手段，以信息建模与系统整合为目标的系统生物学的一个分支，对某一生物或细胞在某一特定生理时期内所有低分子量代谢产物同时进行定性和定量分析，对整体或细胞内代谢物的数量、种类及变化规律进行研究，从而解释或阐明生命体在正常状态、遗传变异、环境变化等过程中的各种物质进入代谢系统后的代谢过程。代谢组学是继基因组学和蛋白质组学之后新近发展起来的一门学科，效仿基因组学和蛋白质组学的研究思想。基因组学和蛋白质组学分别从基因和蛋白质层面探寻生命的活动，而实际上细胞内许多生命活动是发生在代谢物层面的，如细胞信号释放、能量传递、细胞间通信等都是受代谢物调控的。基因与蛋白质的表达紧密相连，而代谢物则更多地反映了细胞所处的环境，这又与细胞的营养状态、药物和环境污染物的作用，以及其他外界因素的影响密切相关。因此有人认为，"基因组学和蛋白质组学告诉你什么可能会发生，而代谢组学则告诉你什么确实发生了"。

代谢组学主要研究的是作为各种代谢路径的底物和产物的小分子代谢物（MW<1 000）。在食品安全领域，利用代谢组学工具发现农兽药等在动植物体内的相关生物标志物也是一个热点领域。其样品主要是动植物的细胞和组织的提取液。主要技术手段是核磁共振（NMR）、质谱（MS）、色谱（HPLC，GC）及色谱质谱联用技术。通过检测一系列样品的 NMR 谱图，再结合模式识别方法，可以判断出生物体的病理生理状态，并有可能找出与之相关的生物标志物。为相关预警信号提供一个预知平台。

昆虫代谢物数据库的构建对进一步发展代谢组学意义重大。烟草天蛾 *Manduca sexta* 血淋巴中的海藻糖及葡萄糖进行了代谢组学检测，重点检测烟草天蛾羽化与蜕皮过程中两种糖的浓度。继续对烟草天蛾进行代谢组学检测与分析，结果发现，处于不同生长发育期的幼虫和蛹，血淋巴中的代谢物含量有所变化。烟草天蛾在幼虫阶段，氨基酸（赖氨酸、丙氨酸）、小分子无机盐（谷氨酸盐、乳酸盐、琥珀酸盐）及甜菜碱等物质的含量呈现上升趋势，当烟草天蛾处于化蛹阶段，小分子有机酸（脂肪酸、柠檬酸、琥珀酸）含量也呈现上升趋势。代谢物含量的变化与保幼激素相互关联，揭示激素作用机制，可以为阐明激素如何发挥作用提供依据。在研究昆虫代谢组学方面，果蝇是模式生物。

对果蝇进行代谢组学研究，主要分析了果蝇在处于热压力环境中，如何控制自身体内环境保持相对稳定。昆虫在应对极端环境时，机体会开启一系列生理生化反应，来对自身进行保护。果蝇在热压力状态下，机体会采取相应的应对方式来避免受到损害，如热激反应。在热激反应进行过程中，通过代谢组学可以在果蝇体内检测到相关代谢物含量的变化，而这些代谢物的变化必然与一系列生理生化反应相关联，因此检测代谢物可以更直接的对内稳态进行理解。若应用基因组或蛋白组研究技术对果蝇进行探究，只能了解到热激反应进行过程中产生的某些化合物或性状特征，无法对代谢物的变化水平进行检测，不能直观理解果蝇如何维持内环境的稳定。对豆长管蚜 *Acyrthosiphon pisum* 进行代谢组学研究，设置豆长管蚜体内有共生菌与无共生菌两个试验组，检测豆长管蚜在两种状态下取食低必需氨基酸食物时，虫体内氨基酸的含量的变化，从而验证虫体内存在的共生菌是否能为豆长管蚜提供吸收氨基酸的能力。除以上研究外，对家蚕等全变态昆虫，蚜虫、飞虱、沙漠飞蝗及甲虫等半变态昆虫都进行过代谢组学研究。

通过代谢组学技术可以通过测定昆虫的代谢变化，判断出昆虫的生理状态以及其寄主、取食植物等的生理状态，从而进行数据分析。例如，张笑等以三年生蒙古沙冬青幼苗和灰斑古毒蛾幼虫为试验材料，通过代谢组学技术测定了不同代灰斑古毒蛾取食后蒙古沙冬青叶片的代谢变化。探究由于植物对同种昆虫取食的响应过程为植物对相同外部刺激因子的诱导响应，前一次昆虫的取食行为可能会影响下一次植物对这种昆虫取食的响应。又如王梦龙针对小金蝠蛾幼虫室温下不能正常存活这一问题，就其生理生化和分子机制进行研究。利用代谢组学的技术探究得到热胁迫处理后，虫体内的还原性物质水平低下，虽然血淋巴中磷酸戊糖途径代谢水平提高，提供较多的还原力 NADPH，但是由于 NADPH 氧化酶活力升高，活性氧大量生成，活性氧代谢平衡难以维持，造成氧化损伤的结果，对于小金蝠蛾幼虫的养殖等有指导性意义。总之代谢组学作为一门重要的技术，可以用来探究生物在受到侵害等变化时所呈现的动态变化，从而给人类提供方法去促进或者抑制。

在正离子模式下，总共鉴定到的化合物有 613 种，其中差异显著的代谢物有

81 种，包括 39 种显著上调的代谢物和 42 种显著下调的代谢物；在负离子模式下，鉴定到的化合物总数为 419，差异显著的代谢物有 34 种，显著上调与显著下调的代谢物都是 17 种。对显著上、下调的代谢物进行统计发现，非滞育组与滞育组相比，脂类代谢物在差异代谢物中占比较大，其中上调脂类代谢物 18 种，下调 9 种，包含溶血磷脂类、甘油磷脂类、羟脂肪酸支链脂肪酸酯。对差异代谢物进行 KEGG 富集分析，共有 10 种差异代谢物被 KEGG 注释，代谢物共富集到 22 条通路，除富集到与人类疾病相关的通路外，代谢物主要富集在氨基酸代谢、核苷酸代谢、脂代谢、糖代谢等通路。

在滞育过程中，氨基酸代谢通路中包含的代谢物有苯丙氨酸、乙酰组胺、胍丁胺、黄尿酸，其中苯丙氨酸、胍丁胺、黄尿酸表现为含量增加，乙酰组胺含量减少；核苷酸代谢通路中包含的主要代谢物有尿囊酸、黄嘌呤核苷、5′-磷酸尿苷，其中尿囊酸和黄嘌呤核苷含量增加，5′-磷酸尿苷含量减少；脂代谢通路中包含的代谢物有雌二醇、胆碱磷酸，其中雌二醇表现为含量上升，胆碱磷酸含量下降；糖代谢通路包含的代谢物有水苏糖，表现为含量减少。

第四节　茶足柄瘤蚜茧蜂控害机理的研究

苜蓿蚜是为害豆科植物的重要害虫，目前寄主植物已达 200 余种。传统防治苜蓿蚜的方式是使用化学农药，但该虫个体小，且繁殖力旺盛，一年发生 20 余代，导致世代重叠非常严重，同时，有机磷、合成菊酯类农药的大量使用，不仅导致苜蓿蚜对其产生抗药性，而且也杀伤其他天敌，最终苜蓿蚜发生再猖獗。由于化学防治存在的环境、社会等问题，使得生物防治的发展迫在眉睫。茶足柄瘤蚜茧蜂可寄生多种蚜虫，是一种内寄生性天敌，不仅可以破坏蚜虫的生活史，还可以直接刺入虫体内，导致蚜虫死亡，从而对蚜虫有较好的控制作用。根据本实验室前期研究基础可知，茶足柄瘤蚜茧蜂具有明显的滞育现象，且根据多年系统研究，已掌握茶足柄瘤蚜茧蜂滞育调控技术，但对茶足柄瘤蚜茧蜂滞育的分子机理尚不明确，因此，本研究从转录组学、蛋白质组学、代谢组学角度出发，分析并阐明茶足柄瘤蚜茧蜂在分子水平的滞育调控机理，构建茶足柄瘤蚜茧蜂分子调控网络，旨在了解滞育的分子调控机制，为茶足柄瘤蚜茧蜂甚至其他小型寄生蜂的滞育研究提供一定的理论参考，为应用天敌昆虫防治害虫提供新思路，从而更好地利用天敌昆虫，为推进生物控制做出贡献。

近年来，在内蒙古地区，苜蓿蚜对牧草——紫花苜蓿、羊柴和沙打旺等防风固沙等植物造成了严重为害。特木尔布和等（2005）研究表明，呼和浩特地区为害苜蓿的蚜虫优势种为苜蓿蚜，可使苜蓿减产达41.3%~50.5%。长期以来对苜蓿蚜的控制主要是以化学防治为主，化学农药的使用，导致农产品农药残留超标，土壤、水质化学物质富集，对人、畜、环境造成严重为害。利用生态系统中各种生物之间相互依存、相互制约的生态学现象和某些生物学特性，以防治为害农业、仓储、建筑物和人群健康的生物的防治方法，不仅不污染环境，害虫也不会产生抗药性，因此开展生物防治研究与应用，对生物和环境均有重要意义。在内蒙古地区，茶足柄瘤蚜茧蜂是苜蓿蚜的优势寄生蜂，主要寄生于苜蓿蚜低龄幼虫体内。茶足柄瘤蚜茧蜂成虫在蚜虫体内产卵，卵孵化为幼虫后在蚜虫体内取食，蚜虫僵化，失去活动能力，形成僵蚜。老熟幼虫在僵蚜体内结茧、化蛹直到羽化，在交配后又寻找寄主蚜虫产卵，如此循环往复（黄海广，2012）。

目前国内外对茶足柄瘤蚜茧蜂的研究主要集中在基础性研究工作上，1909年在美国堪萨斯州，Hunter 尝试用茶足柄瘤蚜茧蜂来防治麦二叉蚜，但由于缺乏对该蜂的生物学与生态学特性的了解，最终导致放蜂失败（Hunter and Glenn，1909）。1972年，Starks 分别在大麦抗性和感性品种上建立了多个茶足柄瘤蚜茧蜂-麦二叉蚜蜂蚜比不同的混合试验种群，结果表明，混合试验种群在中抗品种上，只要少量的茶足柄瘤蚜茧蜂就可有效地抑制蚜虫数量增长（Starks et al.，1972），郑永善对茶足柄瘤蚜茧蜂进行了引种研究，1983—1986年在陕西省径阳县的棉田、小麦田、杂草地及植物园温室分别放蜂21 307头、11 509头、2 933头和19 562头。1987年调查放蜂结果：棉田棉蚜僵蚜出蜂172头中，未见引进蜂；小麦田禾谷纵管蚜和麦二叉蚜分别出蜂34头和311头，各有引进蜂1头，杂草地豆蚜出蜂420头中，有引进蜂6头，在植物园温室扶桑与海桐上僵蚜率分别为49.3%和32.2%，全是引进蜂，根据试验结果对影响茶足柄瘤蚜茧蜂在陕西定植的因素作了讨论。后来随着对茶足柄瘤蚜茧蜂寄主、种群动态、形态、交配与产卵、发育、性比等方面的研究，对茶足柄瘤蚜茧蜂的认识进一步加深，为后来的茶足柄瘤蚜茧发育历期预测，滞育诱导，生理生化物质的测定提供了基础。

寄生蜂是最常见的一类寄生性昆虫，属膜翅目（Hymenoptera），是膜翅目细腰亚目中金小蜂科、姬蜂科、小蜂科等靠寄生生活的多种昆虫的统称。寄生蜂能够寄生在鳞翅目、鞘翅目、膜翅目和双翅目等昆虫的卵、幼虫、蛹中，在寄主体内生长发育，分为外寄生和内寄生两大类。外寄生是寄生蜂把卵产在寄主体表，让孵化的幼虫从体表取食寄主身体；内寄生是把卵产在寄主体内，让孵化的幼虫取食害虫体内的组织。内寄生被认为较外寄生进化。寄主被寄生后并不会立即死亡而是会继续生长一段时间直到寄生蜂变为老熟幼虫，寄主最终死亡。

寄生蜂的这种特性，使得其可以应用在农林害虫生物防治中，因此具有巨大的开发前景。目前应用寄生蜂防治害虫较成功的有，赤眼蜂 *Trichogrammatid* 防治棉铃虫、大豆食心虫、玉米螟、甘蔗螟虫、油松毛虫等，管氏肿腿蜂 *Sclerodermaguani* 防治梨眼天牛、双条杉天牛、松墨天牛，花角蚜小蜂 *Coccobius aguma* 防治松突圆蚧，周氏啮小蜂 *Chouioia cunea* 防治美国白蛾、赤松毛虫，平腹小蜂 *Anastatus sp.* 防治荔枝蝽，小腹茧蜂 *Microgaster manilae* 防治烟草斜纹夜蛾。

昆虫在不利于自身生存的环境条件下，感受到一定的刺激信号，在体内引发一系列的生理生化反应，导致虫体自身生长、发育、繁殖等生命活动暂时停滞的现象，被称为昆虫的滞育。滞育是昆虫对不利环境条件的遗传性适应，一旦发生，一般情况下会保持一段时间，并不会由于生存环境的改变而立刻恢复正常发育状态。滞育对于昆虫来说，有着积极的意义。昆虫可以通过进入滞育状态来度过不良环境，从而使个体在不利条件下仍能继续存活；昆虫通过滞育还可以保持种群发育整齐，使交配率得以提高，以确保种群的繁衍一般会将滞育划分为滞育准备、滞育维持、滞育解除以及滞育后发育 4 个阶段。昆虫在滞育期生长、发育、繁殖等活动会受到抑制，整体代谢物与代谢水平降低。

有多种昆虫滞育类型的分类，目前使用较多的分类方式是按滞育虫态划分，滞育类型包括卵滞育、幼虫滞育、蛹滞育和成虫滞育。以卵滞育的昆虫，目前对家蚕的研究最为丰富。在滞育的昆虫中，多数以幼虫滞育。在小型寄生蜂中普遍存在的是以预蛹滞育，姬蜂总科与小蜂总科中有以幼虫滞育的寄生蜂，以蛹滞育的寄生蜂主要集中在茧蜂科，在鞘翅目、鳞翅目、双翅目、直翅目、半翅目、同翅目昆虫中，均有以成虫滞育的昆虫分布，成虫滞育是一种生殖滞育，表现为生殖受到抑制。除此之外，根据滞育发生的季节，可分为夏滞育与冬滞育；按照不同光周期类型对昆虫进行滞育诱导，得到的滞育类型分为短日照诱导滞育型、中间滞育型、长日照诱导滞育型与中间非滞育型；根据滞育专化性对昆虫进行分类，可分为专性滞育和兼性滞育。

影响小型寄生蜂滞育的因素主要有环境因素（温度、光周期、地理环境），亲代效应等。

大多数昆虫滞育与光周期的影响有关，由于光周期季节变化的规律性与准确性，因此可为昆虫预测环境变化提供最可靠的消息；温度对昆虫的滞育也起着至关重要的作用，既可以作为刺激信号引发昆虫滞育，又可对滞育诱导起到调节作用，与光周期及食料、水分等因素联合作用，共同对昆虫滞育起到影响作用。

在昆虫类群中，亲代效应是一种普遍存在的非遗传效应，受亲代表现型、环境经历（气候、食料、天敌等）以及行为（寄主或配偶选择、产卵等）的影响，子代的表现型与适应性会出现差异，亲代效应的存在，子代会增加对将会出现的可预测环境变化的适应性。当子代的滞育受到亲代表现型和亲代经历的环境因素的影响，或亲代滞育影响到子代的表型，就出现了滞育的亲代效应。研究表明，当亲代经历不利的生长发育环境，则产生的子代更容易滞育。属于赤眼蜂科的 *Trichogramma buesi* 和基突赤眼蜂 *Trichogramma principium*，子代在经历低温诱导后能发生滞育的前提条件是，亲代需要在短光照条件下进行饲养，这种效应一直能够延续到第 5 代。

无论从组学的思想上还是组学的技术对与科学技术的发展来说都是一个飞跃。转录组学可以通过对功能基因的测序去预测基因的功能；蛋白质组学提供了一系列能够在蛋白质水平上大规模地直接研究基因功能的强有力的工具，它将对昆虫学、医学、微生物学等的研究起到积极的促进作用；代谢组学可以通过技术来探究整个生物代谢的状态以及变化。当然，从提出到人类基因组计划的完成，组学思想越来越受到人们的重视，这是因为人们开始转变思维从微观到宏观，将一个个微观个体从整体上去探究它们的组成以及联系。但是著者认为这种联系依然不够，它只是从每一类物质的宏观出发，探究生物整体的性质，随着未来科学技术的发展，人们一定可以从整个生物体，甚至生物体之间的联系出发，探究更宏观的新的科研思路。

第五章 茶足柄瘤蚜茧蜂蛹滞育相关的转录组学研究

由于新一代高通量测序技术的不断发展，转录组测序成本逐渐降低。对于昆虫学研究来说，转录组测序技术的出现，可以更有效地获取昆虫的基因序列，极大地促进了该学科的发展进程。通过转录组测序，可以获取昆虫在不同生长发育阶段的转录本，对于昆虫所处环境条件的不同，体内基因表达情况也有所不同，转录组测序还可以揭示基因差异表达情况。目前，对于茶足柄瘤蚜茧蜂滞育的研究主要集中在滞育诱导、滞育期间生理生化物质的变化等方面。本研究利用RNA-seq 对茶足柄瘤蚜茧蜂滞育蛹与非滞育蛹进行转录组测序。同时结合生物信息学方法，对转录组中的差异表达基因进行分析，筛选出滞育关联基因，并对一些基因进行功能分析，旨在为茶足柄瘤蚜茧蜂乃至小型寄生蜂滞育的转录组学研究提供一定的参考依据。

第一节 研究材料方法

寄生性天敌茶足柄瘤蚜茧蜂、寄主蚜虫苜蓿蚜，采自中国农业科学院草原研究所沙尔沁基地，供试寄主植物为蚕豆。

苜蓿蚜采自基地的羊柴植株上，并转接在室内的水培蚕豆苗上繁殖，接虫后对蚕豆苗进行笼罩（100 目防虫网笼，55cm×55cm×55cm），确保苜蓿蚜未被天敌寄生，试验用 2~3 龄的苜蓿蚜若蚜作为寄主，在温室内饲养 5 代以上作为供试虫源。

从基地采集被寄生的苜蓿蚜僵蚜，从中挑取未羽化破壳的僵蚜置于人工气候箱温度为（25±1）℃，相对湿度为（70±1）%，光周期 L：D=14h：10h 条件下培养，待蜂羽化后，挑选茶足柄瘤蚜茧蜂转移至试管（10cm×3cm）内，用 20%的蜂蜜水作为补充营养，接入具有苜蓿蚜的蚕豆苗上，建立茶足柄瘤蚜茧蜂种群作为供试虫源，并在室温下用苜蓿蚜有效扩繁 10 代以上。取羽化 24h 内的成蜂待用。

第二节　滞育诱导与样品获取

在室温下养虫笼中将刚羽化成蜂按 1：100 的蜂蚜比释放成对茶足柄瘤蚜茧蜂。根据试验室前期研究基础可知，苜蓿蚜若蚜被茶足柄瘤蚜茧蜂寄生后，寄生蜂卵继续发育 120h，此时僵蚜体内寄生蜂处于高龄幼虫（3~4 龄）阶段，高龄幼虫为茶足柄瘤蚜茧蜂感受滞育信号的敏感虫态，将此时的僵蚜放入人工气候箱中进行滞育诱导。高龄幼虫处于滞育环境条件时，并不会立刻停止发育，而是继续发育一段时间，经试验验证，当发育至蛹时，便不再继续发育（孙程鹏，2018）。本试验中，诱导茶足柄瘤蚜茧蜂滞育的温光组合为，温度 8℃、光周期 L：D=8h：16h，诱导时长为 30d。我们选取经过 30d 滞育诱导的僵蚜进行解剖，将解剖出的活蛹放入液氮中速冻暂时保存，对茶足柄瘤蚜茧蜂蛹进行收集，以获得滞育组样品，将样品放入-80℃冰箱中保存，以备使用；苜蓿蚜若蚜被茶足柄瘤蚜茧蜂寄生后，放置在（25±0.5）℃、相对湿度为（70±5）%、光周期 L：D=14h：10h、光照强度 8 800lx（人工气候箱，上海一恒公司 MGC-HP 系列）条件下，寄生蜂卵继续发育 168h（此时蚜茧蜂处于蛹态），对僵蚜进行解剖，挑选饱满，有活力的蛹放入液氮中速冻暂时保存，作为正常发育组样品，将收集好的样品放入-80℃冰箱中保存，方便后续试验使用。

一、样品总 RNA 的提取

将滞育组蛹与非滞育组蛹分别用液氮迅速研磨后，取 50~100mg 加入 1.5mL Trizol 中，振荡，室温静置 5min，使其充分裂解，12 000g，离心 5min，然后将管中的上清转移至新管。

按照 Trizol：氯仿=5∶1 的比例加入氯仿，盖紧管盖，漩涡振荡器上振荡混匀 15s，室温静置 2~3min，使其自然分相。

4℃，12 000g 离心 10min，混合物会分成三层：下层红色为苯酚-氯仿有机相，中间层和无色上层水相，RNA 主要集中在水相。

将上清转入一新管（注意不要吸到中间层和下层），加入等体积氯仿，漩涡振荡器上振荡混匀 15s，室温静置 2~3min，使其自然分相，4℃，12 000g 离心 10min。

将上层水相转入新的 1.5mL EP 管（500~600μL，注意不要取到下层液体），加入等体积的异丙醇，混匀后，室温放置 10min。

4℃，12 000g 离心 15min，弃掉上清。

向 RNA 沉淀中加入 1mL 75%乙醇，漩涡振荡器上振荡混匀 5s，4℃,7 500g 离心 5min，弃掉上清。

重复步骤（7）。

4℃,7 500g离心 1min，用枪头小心吸弃多余液体。

将 RNA 沉淀置于超净工作台吹干，为 5~10min（不宜太干，否则 RNA 很难溶解），用适量 DEPC 处理水溶解 RNA 沉淀。

二、RNA 样品质量检测及文库构建与质检

利用琼脂糖凝胶电泳分析样品 RNA 完整性及是否存在 DNA 污染；Nanodrop 检测 RNA 纯度；Agilent 2100 精确检测 RNA 完整性。

三、建库

起始 RNA 为 total RNA，总量≥1μg 。建库中使用的建库试剂盒为 Illumina 的 NEBNext© Ultra™ RNA Library Prep Kit。通过 Oligo（dT）磁珠富集带有 polyA 尾的 mRNA，随后在 Fragmentation Buffer 中用二价阳离子将得到的 mRNA 随机打断。以片段化的 mRNA 为模版，随机寡核苷酸为引物，在 M-MuLV 逆转录酶体系中合成 cDNA 第一条链，随后用 RNaseH 降解 RNA 链，并在 DNA polymerase I 体系下，

以 dNTPs 为原料合成 cDNA 第二条链。纯化后的双链 cDNA 经过末端修复，经过末端修复、加 A 尾并连接测序接头，用 AMPure XP beads 筛选 250~300bp 的 cDNA，进行 PCR 扩增并再次使用 AMPure XP beads 纯化 PCR 产物，最终获得文库。文库构建完成后，先使用 Qubit2.0 Fluorometer 进行初步定量，稀释文库至 1.5ng/μL，随后使用 Agilent 2100 bioanalyzer 对文库的 insert size 进行检测，insert size 符合预期后，qRT-PCR 对文库有效浓度进行准确定量，以保证文库质量。

四、上机测序与组装

库检合格后，把不同文库按照有效浓度及目标下机数据量的需求 pooling 后进行 Illumina 测序，并产生 150bp 配对末端读数。测序完成后，经数据预处理，采用 Trinity 过滤数据进行拼接。

五、转录本质量评估

我们采用 BUSCO 软件对拼接得到的 Trinity.fasta，unigene.fa 和 cluster.fasta 进行拼接质量的评估，根据比对上的比例、完整性，来评价拼接结果的准确性和完整性。

六、基因功能注释

将筛选到的 Unigenes 基因序列利用 BLAST 软件与 Nr、Nt、Pfam、KOG/COG、Swiss-prot、KEGG、GO 七大公共数据库进行比对，设定 $e \leq 10^{-5}$，应用 HMMER 软件与 Pfam 数据库比对，将比对上相似性最高的注释信息作为 Unigene 的最终注释信息。

七、差异基因表达分析

基因差异表达的输入数据为基因表达水平分析中得到的 readcount 数据。我们采用 DESeq2 进行分析，筛选阈值为 padj<0.05 且 | $\log_2 \text{FoldChange}$ | >1；该分析方法基于的模型是负二项分布，第 i 个基因在第 j 个样本中的 read count 值为 K_{ij}，则有 $K_{ij} \sim NB(\mu_{ij}, \sigma_{ij}^2)$，因为 RNA-seq 中的差异基因分析是对大量的基因进行独立

的统计假设检验，它会导致总体假阳性偏高的问题，因此在差异软件进行差异分析过程中，我们会对原有假设检验得到的进行校正，padj 是校正后的 padj 越小，表示基因表达差异越显著。

八、差异表达基因的功能富集分析

差异基因 GO 富集分析。GO 功能显著性富集分析给出与基因组背景相比，在差异表达基因中显著富集的 GO 功能条目，从而体现出差异表达基因与哪些生物学功能显著相关。该分析首先把所有差异表达基因向 Gene Ontology 数据库的各个 term 映射，计算每个 term 的基因数目，然后找出与整个基因组背景相比，在差异表达基因中显著富集。GO 富集分析方法为 GO seq。

差异基因 KEGG 富集分析。KEGG 是有关 Pathway 的主要公共数据库。Pathway 显著性富集分析以 KEGG Pathway 为单位，应用超几何检验，找出差异基因相对于所有有注释的基因显著富集的 pathway。该分析的计算公式：

$$p = 1 - \sum_{i=0}^{m-1} \frac{\binom{M}{i}\binom{N-M}{N-i}}{\binom{N}{n}}。$$

在这里 N 为所有基因中具有 pathway 注释的基因数目；n 为 N 中差异表达基因的数目；M 为所有基因中注释为某特定 Pathway 的基因数目；m 为注释为某特定 Pathway 的差异表达基因数目。FDR≤0.05 的 Pathway 定义为在差异表达基因中显著富集的 Pathway，我们使用 KOBAS（2.0），进行 Pathway 富集分析。

第三节 研究结果与序列组装

正常发育蛹与滞育蛹经 Illumina HiSeq 平台测序，将 Trinity 拼接得到的转录本序列，作为后续分析的参考序列。以 Corset 层次聚类后得到最长 Cluster 序列进行后续的分析。对转录本及聚类序列长度分别进行统计，转录本的拼接长度主要分布在 200~5 00bp，占总转录本数量的 36.83%，Unigenes 占总数的 42.03%，分布在长度 1 850~1 950bp 范围中的 Unigenes 相对最少。结果见表 5-1 和图 5-1。

表 5-1　拼接长度频数分布情况一览

转录本长度区间	200~500 碱基对 200~500	500 至 1k 碱基对 500	1~2k 碱基对 1~2k	大于 2k 碱基对 >2	总数
转录本数量	111 640	75 025	52 869	63 612	303 146
基因数量	74 456	52 227	25 860	24 599	177 142

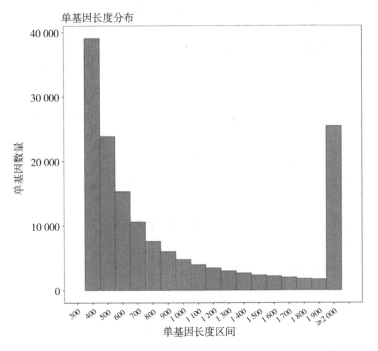

注：横坐标为基因长度区间，纵坐标为每种长度的拼接基因出现的次数。

图 5-1　Unigenes 长度分布

第四节　基因功能注释

为获得全面的基因功能信息，进行了 Nr、Nt、Pfam、KOG/COG、Swiss-prot、KEGG、GO 七大数据库的基因功能注释。对获取的 177 142 个 unigenes 在七大数据库中的注释情况做出统计，图 5-2 中展示了本次试验数据在数据库中注释成功率情况。

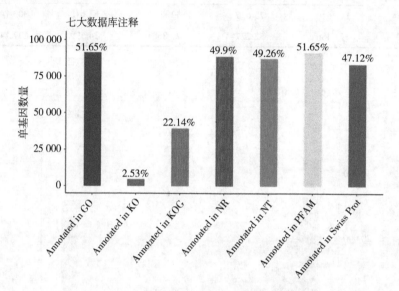

图 5-2　基因注释成功率统计

一、Nr 注释结果

通过 Nr 库比对注释的结果，可以统计并绘制比对上的物种分布图、比对的 e-value 分布图和序列相似度分布图。在种间分布上，比对上的物种有络新妇蛛 *Nephila clavipes*（16.0%）、丽蝇蛹集金小蜂 *Nasonia vitripennis*（9.1%）、多胚跳小蜂 *Copidosoma floridanum*（8.0%）、胡蜂 *Diachasma alloeum*（6.3%）、*Trichomalopsis sarcophag*（6.0%）和 others 其他种（图 5-3：A）。在 e 值分布中，e 值为 $0 \sim 1e^{-100}$ 占比最大，为 22.5%，e 值为 0 所占比例最小，为 5.2%（图 5-3：B）。在相似性分布中，相似性 60%~80% 所占比例最高，为 40.3%，相似性 18%~40% 占比最少，为 0.3%（图 5-3：C）。

二、KOG 注释

KOG 分为 26 个组，将 unigenes 与 KOG 数据库进行比对分析，在 KOG 数据

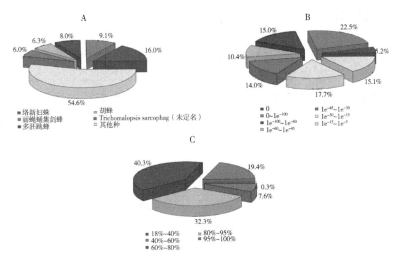

图 5-3　Unigenes Nr 注释的物种分布、e-value 和相似性统计

库注释成功的 unigenes 按 KOG 的组进行分类，其中 unigenes 注释数量最多的 group 为一般功能预测（R, 5 460个），其次是蛋白质转换和伴侣蛋白（O, 3 920个）和信号传导机理（T, 3 899个），结果见图 5-4。

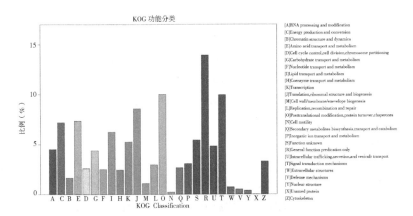

图 5-4　Unigenes 的 KOG 分类

三、GO 分类

对基因进行 GO 注释之后，将注释成功的基因按照 GO 三个大类的下一层级进行分类。在生物过程中，参与细胞过程、代谢过程、单生物过程的 Unigenes 数量最多；在细胞成分中，参与细胞，细胞部分，膜状物的 Unigenes 数量最多；在分子功能（MF）中，参与结合和催化活性的 Unigenes 数量最多（图 5-5）。

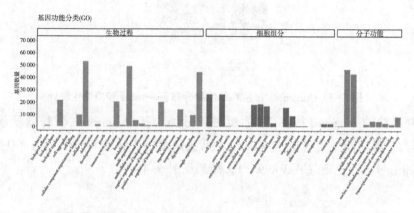

注：横坐标为 GO 三个大类的下一层级的 GO term，纵坐标为注释到该 term 下（包括该 term 的子 term）的基因个数。3 种不同分类表示 Go term 的三种基本分类（从左往右依次为生物学过程、细胞成分、分子功能）

图 5-5　Unigenes 的 GO 分类

四、KEGG 分类

对基因做 KO 注释后，可根据它们参与的 KEGG 代谢通路进行分类。将基因根据参与的 KEGG 代谢通路分为细胞过程（A）、环境信息处理（B）、遗传信息处理（C）、代谢（D）、有机系统（E）5 个分支。由图 5-6 可知，参与信号转导转导的 unigenes 数量最多（543 个），其次是碳水化合物代谢和氨基酸代谢。

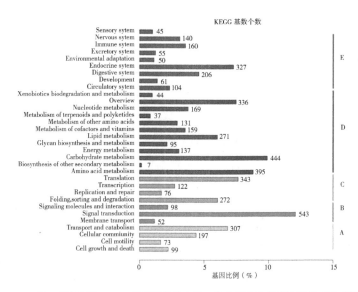

注：纵坐标为 KEGG 代谢通路的名称，横坐标为注释到该通路下的基因个数及其个数占被注释上的基因总数的比例。

图 5-6　Unigenes 的 KEGG 分类

第五节　基因差异表达分析

一、差异基因筛选

我们对获得的基因采用 DESq2 进行分析，筛选阈值为 padj<0.05 且 | log₂ FoldChange | >1，对 177 142 个 unigenes 进行了筛选，从而挑选出我们需要的茶足柄瘤蚜茧蜂滞育组与非滞育组的差异表达基因（图 5-7）。非滞育组（ND）与滞育组（D）相比，上调表达基因有 19 201 个，下调表达基因有 19 141 个。

二、差异基因 GO 富集分析

在非滞育组与滞育组茶足柄瘤蚜茧蜂差异表达的基因中，GO 注释到 25 666 个差异基因，总共分为 BP、CC、MF 3 部分。差异基因的 GO 功能富集主要集中

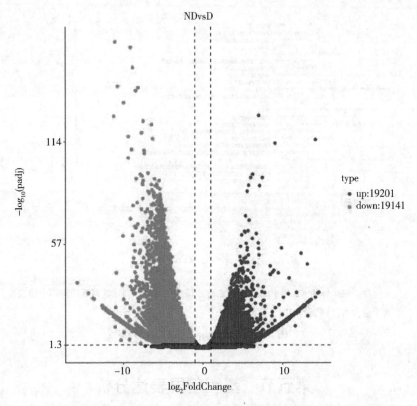

注：横坐标代表基因表达倍数变化；纵坐标代表基因表达量变化的统计学显著程度，校正后的 P 值越小，−log10（校正后的 P 值）越大，即差异越显著。图中的散点代表各个基因。

图 5-7 基因差异表达火山

于代谢过程，包括脂代谢、氨基酸代谢等，信号转导，结合功能、催化活性（图5-8）。

三、差异基因 KEGG 富集分析

将茶足柄瘤蚜茧蜂非滞育组与滞育组差异表达基因序列进行 KEGG 在线分析，通过 KEGG pathway 数据库分析，共分为新陈代谢、遗传信息加工、环境信息处理、细胞过程和有机体系统五大类，结果如图 5-9 所示。7 944 个差异表达基因共映射到 228 个通路，分析发现这些基因主要集中在碳水化合物代谢、脂质

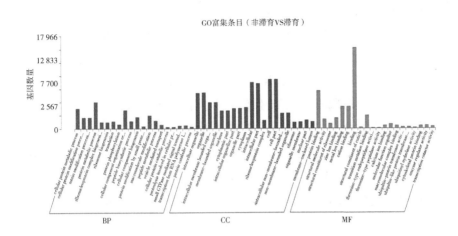

注：横坐标为 GO 三个大类的下一层级的 GO term，纵坐标为注释到该 term 下（包括该 term 的子 term）的差异基因个数。3 种不同分类表示 Go term 的三种基本分类（从左往右依次为生物学过程、细胞成分、分子功能）

图 5-8　差异表达基因 GO 富集分析

代谢、信号转导等途径中。图 5-9 对差异基因数量较大的富集通路做了统计。

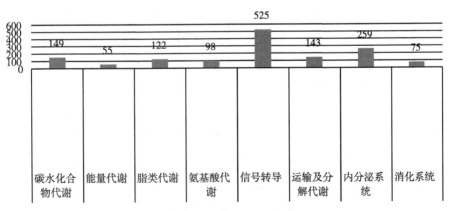

图 5-9　差异表达基因显著富集通路分布

茶足柄瘤蚜茧蜂非滞育组与滞育组差异表达基因共参与 91 条新陈代谢通路，

主要碳水化合物代谢、能量代谢、脂质代谢、核苷酸代谢、氨基酸代谢等二级代谢通路。结果显示，涉及新陈代谢的差异表达基因中，参与碳水化合物代谢的基因个数最多，此次重点分析糖酵解/糖异生、淀粉与蔗糖代谢、柠檬酸循环三条途径，差异表达基因分别为18个，10个和18个。图5-10至图5-12展示了3条代谢途径的KEGG富集通路图，明确代谢路径。在表5-3中，糖酵解/糖异生途径中，磷酸果糖激酶（PFK）基因，磷酸甘油酸激酶（PGK）基因，醛缩酶（ALDO）基因上调表达。甘油醛-3-磷酸脱氢酶（GAPDH）基因，磷酸甘油酸变位酶（PGAM）基因，磷酸烯醇式丙酮酸羧激酶（PEPCK）基因下调表达。PFK和PGK是糖酵解途径中的关键酶，基因上调表达，两种酶含量增加，导致的结果是糖酵解途径活跃表达。GAPDH和PGAM是糖酵解和糖异生途径中共有的酶，同时PEPCK是糖异生途径中的关键酶，我们认为GAPDH基因、PGAM基因、PEPCK基因的下调表达共同抑制了糖异生途径的进行。

在茶足柄瘤蚜茧蜂淀粉和蔗糖代谢途径中，与非滞育组相比，滞育组糖原合酶（GYS）基因，海藻糖合酶（TreS）基因上调表达，海藻糖酶（TreH）基因下调表达。说明在滞育过程中，糖原和海藻糖合成增多，海藻糖分解减少，导致糖原和海藻糖积累。

在柠檬酸循环途径中，苹果酸脱氢酶（MDH）基因上调表达，异柠檬酸脱氢酶（IDH）基因下调表达。MDH基因上调表达，MDH增加，我们推测其与滞育状态下的生理需求相关。IDH是柠檬酸循环中重要的限速酶，IDH基因下调表达，IDH合成减少，导致柠檬酸循环反应速率降低，我们认为与茶足柄瘤蚜茧蜂在滞育过程中整体代谢水平降低相一致。

涉及能量代谢的差异表达基因中，参与氧化磷酸化的基因有48个，主要有NADH-泛醌氧化还原酶链1（ND1）基因、NADH脱氢酶（泛醌）铁硫蛋白3 [NDUFS3]基因、SDHA基因、泛醌细胞色素C还原酶-Rieske铁硫肽样1（UQCRFS1）基因、细胞色素C氧化酶亚基Ⅰ（COXⅠ）基因和F型H$^+$转运ATP酶亚基α（ATPeF1A）基因。这6个基因所编码的蛋白分别参与电子呼吸链传递的4个复合体以及ADP和Pi合成ATP的过程，在上调差异基因中未发现与底物水平磷酸化有关的基因，因此推测滞育过程中起主要的供能作用的反应是氧

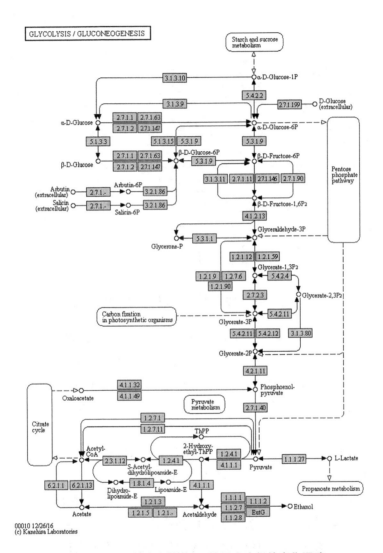

图 5-10　差异基因在糖酵解/糖异生途径的富集通路

化磷酸化。差异表达基因中，有 122 个基因注释到 15 条通路，包括与脂肪酸生物合成通路相关的基因–脂肪酸合成酶（*FAS*）基因，与不饱和脂肪酸生物合成

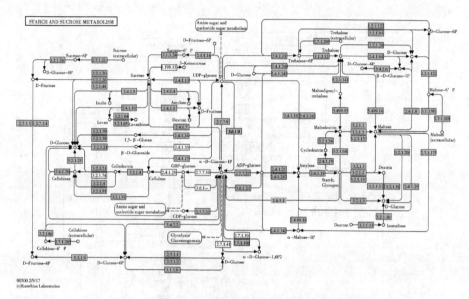

图 5-11　差异基因在淀粉和蔗糖代谢途径中的富集通路

相关的硬脂酰辅酶 A 脱氢酶（*SCD*）基因、β-酮脂酰-ACP 还原酶（*KAR*）基因，与脂肪酸延长通路相关的基因-超长链脂肪酸延伸酶（*ELOVL*）基因，参与类固醇生物合成的 *LIPA* 基因，与甘油酯代谢相关的基因-甘油激酶（*GK*）基因等，显著上调表达，共同参与了脂肪酸合成与降解、类固醇的生物合成、甘油酯代谢等通路。

遗传信息加工大类中，差异表达基因主要参与折叠、分类和降解，复制与修复，转录和翻译 4 个二级代谢，涉及核糖体和碱基切除修复等 22 个三级代谢通路。包括有 40S 核糖体蛋白 S11（*RPS*11）基因，DNA 聚合酶 δ 催化亚基 1（*POLD*1）基因等关键基因。RPS13 在核糖体途径中负责识别信息，*POLD*1 基因可编码 DNA 聚合酶 δ，是真核生物 DNA 复制的最主要复制酶。

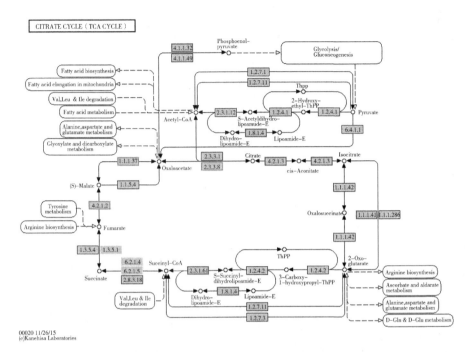

注：KO 边框代表基因。实心箭头代表分子间的相互作用或关系，圆圈代表化学分子。方框-实心箭头-圆圈相连，代表表达；方框-实心箭头-竖线-圆圈相连，代表抑制；

方框-虚线箭头-圆圈相连，代表间接作用；直线-方框-实心箭头-圆圈-直线-方框-实心箭头相连，代表两个连续的反应步骤。带箭头的直线上标有 "+P" 代表磷酸化，标有 "-P" 代表去磷酸化（下同）。

图 5-12　差异基因在柠檬酸循环途径中的富集通路

昆虫滞育是在外部环境不利时，昆虫感受外界信号，从而引起体内一系列变化的过程。差异表达基因的 KO 比对结果显示，环境信息处理共涉及信号转导、信号分子及其相互作用、膜运输 3 个二级代谢通路，594 个基因共参与包括 FOXO 信号通路、钙信号通路、HIF-1 信号传导途径以及 PI3K-Akt 信号转导途径等在内的 30 条通路。

表 5-2 茶足柄瘤蚜茧蜂滞育关联基因的 KEGG 通路分析

一级代谢	二级代谢	三级代谢	通路 ID	基因数量	P 值
新陈代谢	碳水化合物代谢	糖酵解/糖异生	Ko00010	18	0.998964777152
		柠檬酸循环 (TCA 循环)	Ko00020	18	0.980732581278
		戊糖磷酸途径	Ko00030	8	0.988736892756
		果糖和甘露糖代谢	Ko00051	9	0.999999994571
		淀粉和蔗糖代谢	Ko00500	10	0.966084403983
		氨基糖和核苷酸糖的代谢	Ko00520	19	0.873839133731
		丙酸代谢	Ko00640	10	0.999950454757
	能量代谢	氧化磷酸化	Ko00190	48	0.504281886055
	脂类代谢	脂肪酸生物合成	Ko00061	5	0.716469774844
		类固醇的生物合成	Ko00100	3	0.4470190106
		类固醇激素的生物合成	Ko00140	7	0.839442867261
		甘油酯代谢	Ko00561	16	0.823000336626
		不饱和脂肪酸的生物合成	Ko01040	9	0.654149822667
	核苷酸代谢	嘌呤代谢	Ko00230	39	0.983677234247
		嘧啶代谢	Ko00240	28	0.93946786139
	氨基酸代谢	丙氨酸、天冬氨酸和谷氨酸代谢	Ko00250	7	0.999988873829
		精氨酸和脯氨酸代谢	Ko00330	9	0.996541742312
		甘氨酸、丝氨酸和苏氨酸代谢	Ko00260	16	0.998064604404
		半胱氨酸和甲硫氨酸代谢	Ko00270	12	0.991644529804
		酪氨酸代谢	Ko00350	5	0.992834302833

（续表）

一级代谢	二级代谢	三级代谢	通路 ID	基因数量	P 值
遗传信息加工	复制和修复	碱基切除修复	Ko03410	6	0.805389568606
	翻译	核糖体	Ko03010	88	0.0034941986223 2
环境信息处理	信号转导	信号通路	Ko04010	28	0.389619360299
		HIF-1 信号传导途径	Ko04066	15	0.685424708581
		FOXO 信号通路	Ko04068	21	0.631058178884
		钙信号转导通路	Ko04020	19	0.627655157215
		PI3K-Akt 信号传导途径	Ko04151	55	0.0507242958436
		AMPK 信号通路	Ko04152	38	0.111686653243
	信号分子及其相互作用	神经活性配体-受体相互作用	Ko04080	23	0.33909731 3177
		细胞黏附分子（凸轮）	Ko04514	7	0.276733176285
细胞过程	运输及分解代谢	吞噬小体	Ko04145	34	0.197451830279
		溶酶体	Ko04142	30	0.208140232494
		过氧化物酶体	Ko04146	25	0.98781004503
	细胞通信	黏着	Ko04510	50	0.0911342466413
		黏着连接	Ko04520	19	0.433614081385
		紧密连接	Ko04530	24	0.538717882985
	细胞运动	肌动蛋白骨架的调节	Ko04810	31	0.49888111 3489

（续表）

一级代谢	二级代谢	三级代谢	通路 ID	基因数量	P 值
		血小板活化	Ko04611	19	0.467173794995
	免疫系统	Toll 样受体信号通路	Ko04620	9	0.321124584817
		抗原加工和呈递	Ko04612	14	0.294303635122
		胰岛素信号通路	Ko04190	31	0.318944976883
		胰高血糖素信号通路	Ko04922	17	0.739726727984
	内分泌系统	促性腺激素释放激素信号通路	Ko04912	19	0.488594563983
有机体系统		黑色素生成	Ko04916	14	0.527204807058
	循环系统	心脏肌肉收缩	Ko04260	18	0.670717224084
		血管平滑肌收缩	Ko04270	11	0.810108775612
	消化系统	蛋白质的消化吸收	Ko04974	17	0.247965843383
		脂肪的消化和吸收	Ko04975	5	0.834514256488
	神经系统	多巴胺能突触	Ko04728	24	0.178744601799
	感觉系统	神经营养因子信号通路	Ko04722	20	0.266853344839
有机体系统	环境适应	光转导	Ko04745	10	0.672650223764
		嗅觉转导	Ko04740	2	0.952254947861
		昼夜夹带	Ko04713	14	0.601408078175

表 5-3　糖代谢重要途径差异基因表达情况

KEGG 通路	通路识别 ID	上调表达基因数量	上调表达基因名称	下调表达基因数量	下调表达基因名称
糖酵解/糖异生	ko00010	10	GAPDH、gapA、ALDO、E1.2.1.3、MINPP1、ADPGK、E4.1.1.32、PEPCK ENO、gpmA、lpd、pdhD PGAM、DLD	8	PGK、adh、E5.1.3.15、AKR1A1、E1.2.1.3、pgk、pfkA、PFK、MINPP1
淀粉和蔗糖代谢	ko00500	5	UXS1、uxs、E3.2.1.28、treA、treF、E2.4.1.1、PYG、glgP、AGL	5	AGL、E3.2.1.1、amyA、malS、E2.4.1.1、glgP、PYG、GYS、UGT
柠檬酸循环	ko00020	11	SDHA、SDH1、IDH3、acnA、LSC2、E4.1.1.32、pckA、PEPCK、SDHB、SDH2、DLST、sucB DLD、lpd、ACO、pdhD	7	SDHA、SDH1、E4.2.1.2B、fumC、ACLY、LSC2、MDH2、MDH1

根据 KEGG 直系同源分类，有机体系统主要有免疫系统、内分泌系统、循环系统以及消化系统等 9 个系统，差异表达基因中共有 779 个参与有机体系统。有146 个基因参与免疫系统，其中，ACTB_G1 参与血小板活化和白细胞跨内皮迁移。白细胞介素 1 受体相关激酶 1（IRAK1）是一种激酶，在固有免疫信号调控中起重要的调节作用，它通过调节其激酶活性和接头蛋白功能，参与调控一系列toll 样受体（TLR）信号途径，在免疫系统中发挥重要作用。CTSL 和 CTSB 参与抗原加工与提呈。有 259 个差异表达基因参与内分泌系统，胰岛素信号通路是内分泌系统中的重要通路，激活的重要途径有两条，分别是 PI3K 途径和 MAPK 途径，胰岛素信号主要通过这两条途径传递。胰岛素（INS）激活胰岛素受体（IN-SR），胰岛素受体磷酸化形成胰岛素受体底物（IRS），磷酸化的胰岛素受体底物可以激活 PI3K 和 RAS，激活的物质不同，也决定了进入不同的信号传导途径。PI3K 激活后，促使磷脂酰肌醇三磷酸（PIP3）的生成，而 PIP3 被认为是胰岛素的第二信使，PI3K 与细胞内含有 PH 结构域的信号蛋白 PDK1/2 结合，继续磷酸化导致 Akt 活化，调节下游靶标蛋白（如 FoxO、GSK3、GLUT 等）影响糖代谢、脂类合成等。磷酸化的受体底物 LAR 间接结合并磷酸化含有 src 同源区 2（SH2）结构域的蛋白质 SHC 后，再激活 GRB2、GRB2 与 SOS 结合使之活化，激活的 SOS 即可与膜上的 Ras 相结合。Ras 使 Raf 定位于质膜，激活其活性，Raf结合并磷酸化 MEK1/2 使之激活，继续进行信号传导，调控 MAPK 通路，最终达到调控蛋白合成、细胞增殖分化的目的（图 5-13）。分别有 55 个和 28 个差异表达基因与这两条途径相关，与胰岛素信号通路密切相关的 FoxO 信号通路，共有21 个差异表达基因（表 5-4）。由于基因数量较大，我们根据前人的研究，挑选出与信号通路密切相关的部分基因进行分析。参与上述 4 条信号通路的基因有Sos 基因，脂肪酸合成酶（FASN）基因，Ras 相关的 C3 肉毒素底物 1（Rac1）基因，c-Jun 氨基末端激酶（JNK）基因，PRKAB 基因，激活蛋白激酶B（PKB/Akt）基因，神经白细胞素（NLK）基因，TSC1 基因是参与胰岛素信号通路，PI3K 途径和 MAPK 途径，FoxO 信号通路的重要基因。在这些基因中，除PRKAB 基因上调表达外，其他基因均下调表达。它们与茶足柄瘤蚜茧蜂滞育密切相关，共同影响茶足柄瘤蚜茧蜂蛹的滞育，主要体现在影响虫体能量代谢、脂质积累、细胞增殖等方面。

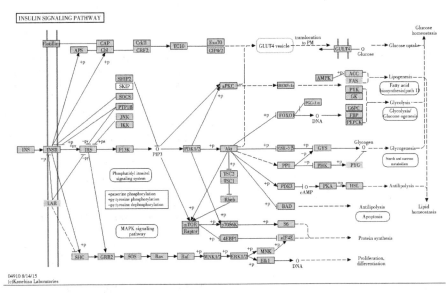

图 5-13 差异基因在胰岛素信号通路富集的通路

根据 KEGG 分析结果，差异表达基因在细胞进程大类中主要参与转运和分解代谢、细胞运动、细胞生长和死亡以及细胞群体。396 个差异表达共参与包括吞噬体、溶酶体、过氧化物酶体以及焦点连接等在内的 15 个通路。在溶酶体中组织蛋白酶表达占比最高，共有 17 个基因分别被注释为组织蛋白酶 L（CTSL）、组织蛋白酶 B（CTSB）、组织蛋白酶 D（CTSD）等。CTSL 是类木瓜蛋白酶半胱氨酸蛋白酶家族的一员，不仅参与溶酶体内蛋白质降解，还参与多种其他生理过程，行使肽链内切酶的功能。微丝结合蛋白（villin2）参与细胞运动中的肌动蛋白细胞骨架调控，通过动态变化来调节众多细胞学过程。肌动蛋白 β/γ1（ACTB_G1）在溶酶体、细胞的焦点连接、黏着连接以及紧密连接等多个途径中发挥作用。17 个差异表达基因被注释为肌球蛋白重链（MHC），该基因在保证肌细胞正常工作中发挥着重要的作用。

表 5-4 胰岛素信号通路相关路径差异表达基因情况

KEGG 通路	通路识别号 ID	上调表达基因数量	下调表达基因数量	基因名称
Insulin signaling pathway	ko04910	16	15	PRKAB、SHC1、FASN、PKA、RHEB、PTPRFLAR、GRF2、GSK3B、RAPTOR、SOCS2、E2.4.1.1、glgP、PYG、FRAP、EIF4E、PHKG、TSC1、pckA、SOS、JNK E4.1.1.32、PEPCK、MKNK、MNK、CIS2、GRB、PRKAG、RAPGEF1、CRKII、PRKAR、CRK、GYS、AKT
PI3K-Akt signaling pathway	ko04151	23	32	PPP2R1、YWHAE、ATF4、GSK3B、CREB2、CREB3 LAMA3_5、RHEB、GYS、TRA1、PPP2R5、RAPTOR、VEGFR1、HSP90B、PKN、LAMA1_2、PPP2R2、SOS、ITGB1、COL4A、PTEN、FRAP、GBL、EIF4E、PHLPP RAC1、IGF1R、E4.1.1.32、PEPCK、HSP90A、PPP2R5 pckA、htpG、GRB2、PPP2R3、FLT1、CPKC、FGF、AKT LAMB1、EIF4、COL6A、STK11、LKB1、TSC1、CDK2
FoxO signaling pathway	ko04068	11	10	NLK、IGF1R、PRKAG、catBPRKAB、USP7、PEPCK pckA、E4.1.1.32、PTEN、katE、SOS、PLK4、CAT、srpA、LKB1、STK11、USP7、AktFBXO25_32、CCNG2、CDK2、SOD2、JNK、TGFBR1、UBP15 ALK5、GRB2
MAPK signaling pathway	ko04010	14	14	NLK、CPKC、TGFBR1、JNKCNB、PPM1B、PP2CB、SOS、HSPA1_8、PPP3R、RAP1A、RAC1、RAPGEF2、CREB2、JUN、CRKII、MKNK、ATF4、MKK4、MNK、FGF、GRB2、PKAPDZGEF1、AKT、MSK1、CDC42、ALK5、RPS6KA5、MAP2K4、CRK、MAX

第六节　基因差异分析结果

糖酵解途径是葡萄糖的主要代谢途径，为线粒体三羧酸（TCA）循环提供中间代谢产物，从而为机体提供大部分生存所需能量。PFK 和 PGK 这两种酶是糖酵解途径中的关键酶，在滞育的茶足柄瘤蚜茧蜂蛹中，磷酸果糖激酶基因和磷酸甘油酸激酶基因较非滞育蛹上调表达，表明在茶足柄瘤蚜茧蜂滞育过程中糖酵解途径活跃进行，因此我们推测茶足柄瘤蚜茧蜂在滞育过程中依赖糖酵解途径转换能量，供生物体维持生命活动。

糖异生指的是以非糖物质作为前体合成葡萄糖的作用，GAPDH、PGAM、ALDO 为糖酵解与糖异生途径共有的酶，磷酸甘油酸变位酶基因，甘油醛-3-磷酸脱氢酶基因和醛缩酶基因下调表达，我们可以认为是糖异生途径表达受到抑制或糖酵解途径不能顺利进行下去。PEPCK 是糖异生途径中的关键酶，而磷酸烯醇式丙酮酸羧激酶基因在滞育过程中下调表达，因此我们猜测在茶足柄瘤蚜茧蜂蛹滞育过程中很有可能是糖异生途径处于被抑制的状态。

海藻糖不仅能够提供生命活动所需的能量，而且在抗寒性中也有着重要作用，是昆虫重要的储能物质，也是应激代谢产物之一。海藻糖酶能够分解海藻糖，通过基因的表达，影响酶活性，进而对昆虫蜕皮、变态、发育及繁殖等生命过程造成影响，海藻糖酶是滞育激素调控代谢过程中的关键酶。在滞育的茶足柄瘤蚜茧蜂蛹中，海藻糖酶基因基因下调表达，海藻糖合酶基因上调表达，说明海藻糖分解少，合成多，导致海藻糖积累。糖原是主要的能量物质，其作用与脂肪类似。滞育的茶足柄瘤蚜茧蜂蛹中，糖原合酶基因上调表达，糖原积累，糖原经水解转变为葡萄糖，进入糖酵解途径，糖酵解的产物经柠檬酸循环后释放出大量能量，供生物进行正常的生命活动，这说明糖原可能与脂肪一样作为储备能源物质，参与茶足柄瘤蚜茧蜂体内能量代谢。而海藻糖则可能作为保护剂与糖原相互转化，参与了茶足柄瘤蚜茧蜂的滞育调节。

在需氧生物中，柠檬酸循环是普遍存在的一种获取能量的代谢方式，是联系糖类、脂质、蛋白质三大主要营养物质的枢纽及最终代谢通路（王荫长，2001）。研究发现，滞育过程中昆虫代谢水平显著下调，甚至有些代谢抑制达到 90%。本试验结果显示，参与柠檬酸循环的异柠檬酸脱氢酶基因在滞育个体中下调表达，苹果酸脱氢酶基因上调表达。异柠檬酸脱氢酶作为催化异柠檬酸氧化形成 α-酮戊二酸反应中的限速酶，此反应不可逆，是柠檬酸循环中重要的限速步骤。在调节能量释放速率中起到关键作用，在茶足柄瘤蚜茧蜂滞育蛹中基因下调表达，也反映出能量供应的关键循环之一——柠檬酸循环整体反应速率的降低，表现在滞育茶足柄瘤蚜茧蜂体内维持了低能量代谢，与茶足柄瘤蚜茧蜂蛹在滞育条件下整体呈现的低水平代谢相符。

在研究中发现，甘油、山梨醇等醇类物质在低温环境中对苹果酸活性保持具有重要作用，而在滞育个体中，已知甘油、山梨醇、甘露醇等多元醇是不断积累增加的，它们可以降低生物体的过冷却点，保护细胞膜免受结冰损伤。苹果酸脱氢酶为 NAD1 依赖型，定位于线粒体基质中，催化柠檬酸循环中 L-苹果酸羟基氧化形成羰基，生成 NADH 并与草酰乙酸相互转化，以此调节生物体内的物质能量代谢。在茶足柄瘤蚜茧蜂滞育蛹中，苹果酸脱氢酶基因上调表达，苹果酸脱氢酶增加，在滞育过程中苹果酸脱氢酶的主要作用是参与 NAD 的循环利用及物质循环（王启龙等，2012），我们推测其与滞育状态下的生理需求相关，一方面与茶足柄瘤蚜茧蜂对 NAD 的合成和利用有关，另一方面或许是应对滞育环境条件的一种应激方式，与正常个体的代谢通路相比，滞育个体开启了另外的代谢通路以适应环境条件的改变。苹果酸脱氢酶和异柠檬酸脱氢酶作为糖代谢中重要的酶类，它们的含量变化与滞育期间昆虫的能量调节及代谢密切相关。

对麻蝇 *Sarcophagidae crassipalpis* 蛹滞育过程中的差异基因表达研究显示，编码 60S 核糖体蛋白的基因表达显著上调而且发现这一基因并非持续上调表达，而是与昆虫的耗氧水平有关，在耗氧速率快的情况下，基因表达量低，相反，如果耗氧速率低那么基因表达量则维持较高水平。在本研究中，被注释为编码 40S 核糖体蛋白 S11 的茶足柄瘤蚜茧蜂差异表达基因在滞育组表达量明显上调，说明茶足柄瘤蚜茧蜂处于滞育状态时，其氧耗水平可能较低。而另一个差异表达基因-细胞色素 C 氧化酶亚基 6C 在茶足柄瘤蚜茧蜂滞育期表现为上调表达，该基因参与了线粒体中的氧化磷酸化过程，细胞色素 C 氧化酶所参与反应占细胞内耗氧量的 90% 左右。在日本甲虫 *Popillia japonica* 和淡色库蚊 *Culex pipiens* 滞育期间，细胞色素 C 氧化酶活性也明显增强。所以我们推测，在滞育期间茶足柄瘤蚜茧蜂主要通过氧化磷酸化过程来提供能量。

脂类物质是能量储存的最佳方式，与糖类物质相比，彻底氧化可释放更多能量，如通过糖酵解、三羧酸循环、呼吸链传递电子等过程，彻底氧化一分子葡萄糖可产生 36 分子 ATP，而通过 β-氧化、三羧酸循环和电子传递链等一系列氧化分解过程，一分子软脂酸可产生 129 分子 ATP。因此，储存大量脂类物质，更易度过整个滞育过程。三酰甘油在滞育昆虫中含量较为稳定，是昆虫营养物质的主要贮存形式，可被脂肪酶水解为游离脂肪酸、甘油加以利用。昆虫滞育期间，棕榈油酸、油酸、亚油酸等不饱和脂肪酸含量增加，有利于增加逆境条件下生物膜的流动性，提高抗逆能力，保证内环境的稳定性。同时，滞育期间结合脂肪酸含量增加，部分可转化为小分子糖、醇，而这些物质可合成抗冻剂，是昆虫顺利度过逆境的原因之一。

本试验共鉴定出 122 个与脂代谢通路相关的基因，并且在滞育期间这些基因全部上调表达，映射到 15 条 KEGG 通路。在茶足柄瘤蚜茧蜂滞育期间，与脂肪酸生物合成通路相关的基因——脂肪酸合成酶基因，与不饱和脂肪酸生物合成相关的硬脂酰辅酶 A 脱氢酶（SCD）基因、β-酮脂酰-ACP 还原酶（KAR）基因，与脂肪酸延长通路相关的基因——超长链脂肪酸延伸酶（ELOVL）基因，参与类固醇生物合成的 *LIPA* 基因，与甘油酯代谢相关的甘油激酶（GK）基因等，显著上调表达。

1. 脂肪酸代谢

脂肪酸合成酶是脂肪酸生物合成过程中重要的酶，在滞育期间对昆虫营养物质代谢具有重要作用。对尖音库蚊 *Culex pipiens* 进行研究发现，*FAS* 基因在滞育早期上调表达。进一步对尖音库蚊研究，确定了其滞育期间调控脂肪贮存和消耗的基因，发现 *fas-1* 基因在滞育早期上调。通过 RNA 干扰技术对雌蚊 *fas-1* 和 *fas-3* 进行干扰，结果显示，雌蚊不能储存度过逆境所需的脂质，因此可得出在滞育早期这两个基因对脂质的积累做出了重要贡献。对大猿叶虫 *Colaphellus bowringi* 的研究发现，保幼激素（JH）会抑制 *fas-1* 的表达，而 *fas-1* 表达量的降低会阻碍滞育的发生。在滞育前期 *fas-2* 的表达量高于 *fas-1*，并且此时在雌虫脂肪体内 *fas-2* 的表达量远高于其他组织。对 *fas-2* 进行干扰，会降低脂质的积累，影响抗逆性基因的表达，并使虫体含水量增加。在本研究中，筛选出 2 个脂肪酸合成酶基因在滞育期上调表达，说明 FAS 在滞育开始阶段对脂肪进行储存，以提高抗逆能力。FAS 基因正常发挥作用使得脂肪酸降解、脂肪酸延伸、甘油酯代谢、甘油磷脂代谢等过程可以顺利进行。

超长链脂肪酸延伸酶是脂肪酸延伸反应中第一步限速缩合酶。对于昆虫脂肪酸延伸循环反应，脂肪酸以其活化形式脂酰辅酶 A 参与延伸循环、经过缩合、还原、脱水、再还原 4 个步骤，生成较长链脂肪酸。β-酮脂酰-ACP 还原酶在延伸反应中也有重要作用，目前对 ELOVL 在昆虫中的研究，主要集中在黑腹果蝇，主要包括 ELOVL 对生殖能力影响、在信息素合成中的作用以及对表皮功能的影响。果蝇基因组中的脂肪酸延伸循环通路基因包括 20 个 ELOVL 和 1 个 KAR。ELOVL 只在精母细胞表达，突变后不仅会使果蝇精母细胞在分裂末期卵裂沟停止或显著减缓内移，并使收缩环从皮层分离、收缩或塌陷。这说明极长链脂肪酸及其酯类衍生物能软化膜成分，对精母细胞形成具有重要作用；而且还能显著抑制雄果蝇生育能力，并通过改变信息素成分影响其他雄果蝇的生育能力。被命名为 elo F 是一种在雌果蝇中特异性表达的 ELOVL，能在酿酒酵母中表达并将脂肪酸延伸至 C30。使用 RNA 干扰技术干扰 elo F 会使雌果蝇 C25 二烯烃增加和 C29 二烯烃减少，延长果蝇交配时长，减少交配次数。对德国小蠊 *Blatella germanica* 表皮中的 ELOVL 的功能进行研究，以 C16：0 脂酰辅酶 A 为底物时，主要产物为 C18 脂酰辅酶 A；以 C18：0 脂酰辅酶 A 为底物时，C20 脂酰辅酶 A 为主要产物。ELOVL4、ELOVL7 基因和 KAR 基因在脂代谢过程中上调表达，因此推测在茶足柄瘤蚜茧蜂滞育过程中生殖力和生存力并不会受到抑制，同时促进不饱和脂肪酸的合成，以提高昆虫体壁的保水性和抗逆性。该过程是茶足柄瘤蚜茧蜂滞育过程脂代谢的重要通路，对顺利度过滞育过程具有重要意义。

酯酶是昆虫体内一类重要的解毒酶类，不仅可以降解内源性化合物，还可以降解有毒外源性化合物或降低毒性，或与其结合，使化合物无法到达靶标组织。桃蚜酯酶 E4 的过表达，可以增强昆虫的代谢抗性。进入滞育阶段的昆虫，通常体内一些保护性蛋白（如应激蛋白）的表达会增加，或者营养物质（如甘油、氨基酸等抗冻保护物质）的含量增加等，从而提高自身免疫力，抵御病原微生物入侵，提高对不良环境的耐受性。在此次研究中，滞育茶足柄瘤蚜茧蜂体内酯酶 E3 的表达量高于正常发育组，推测该酶在体内主要作为保护性蛋白存在，提高逆境下茶足柄瘤蚜茧蜂的免疫力。

2. 激素代谢

细胞色素 P450（CYP），是生物体内一类重要的代谢酶系，与昆虫的生长、发育、防御等密切相关。在整个昆虫生命过程中起着重要作用，如内源性物质的合成（蜕皮激素、保幼激素、性信息素等）及对植物次生物质和外源物质（杀虫剂等）的代谢等。在对马铃薯甲虫的研究中发现，蜕皮激素与成虫滞育相关，滴度在滞育甲虫中是非滞育甲虫的 2 倍。在链霉菌 Streptomyces peucetius 中发现，P450 对脂肪酸代谢也有作用，P450 酶系中的 CYP147F1 可以催化长链脂肪酸的羟基化。对脂肪酸去饱和酶系中 fat-5 基因和细胞色素 P450 家族的 cyp-35A2 基因进行基因突变发现，秀丽隐杆线虫 Caenorhabditis elegans 的寿命延长；使用尼罗红染料对突变体染色发现，染料荧光强度减弱，说明脂肪酸等物质浓度降低，fat-5 和 cyp-35A2 基因在脂肪酸代谢中起重要作用。在本试验中在滞育组中上调表达，推测该酶对茶足柄瘤蚜茧蜂滞育、脂肪酸代谢有促进作用。

3. 其他脂代谢相关基因

尿苷二磷酸糖基转移酶（UGT），调节糖基残留物从活化的核苷酸糖转移到苷配基，进而调节有机体的生物活性，催化激素、短链脂肪酸等底物发生糖基化，促进信号转导、物质代谢等。在滞育茶足柄瘤蚜茧蜂中，UGT 基因表达量增加，可能与滞育蚜茧蜂信号转导、受体识别等有关。

甘油激酶是甘油代谢过程中的限速酶。在低温胁迫条件下，几乎所有昆虫都会在体内积累多元醇，如海藻糖和甘油，作为抗冻保护剂来增强昆虫耐寒性。甘油在有机体内的分解代谢包括两步反应，其中一步反应为，甘油通过甘油激酶催化，进行磷酸化生成 3-磷酸甘油，在 3-磷酸甘油脱氢酶（mtGPD）催化下，3-磷酸甘油被氧化成磷酸二羟丙酮，再返回到糖酵解途径中被转化利用（郭雪娜等，2002）。对红尾肉蝇（Sarcophaga crassipalpis）和甜菜夜蛾（Spodoptera exigua）进行快速冷驯化（RCH）发现，它们通过提高甘油含量作为主要抗冻保护物质。快速冷驯化和甘油之间响应快速冷驯化是通过传感器和效应器实现的。冷刺激的传感通过大脑控制甘油含量的提升来表现。此外，在低温条件下，所有组织中的钙流入也可能进入快速冷驯化的诱导，在此过程中，由甘油产生完成冷信号的传导。在本研究中，甘油激酶基因在茶足柄瘤蚜茧蜂滞育阶段上调表达，推测该酶在体内主要作为抗冻保护物质来增强昆虫抗寒性，以渡过滞育环境。

脂类物质是滞育昆虫营养物质储存的重要形式之一，对满足滞育期间及滞育解除后的能量、营养物质需求有重要意义。昆虫滞育过程中代谢通路与正常发育个体相比有明显差异，或开启新的代谢通路。在本研究中，参与脂代谢的滞育关联基因在滞育期间上调表达，参与脂质的合成、运输、代谢等过程，表现出与正常发育组代谢通路的差异。脂代谢相关基因的上调表达，不仅可以促进茶足柄瘤蚜茧蜂体内脂类物质的积累，还可以在滞育过程中食物缺乏的条件下充分发挥脂类物质作用，参与供能、提供营养，或改变体内脂类物质的组成，以提高内环境的稳定性、增强机体的抗逆性。此外，与脂质水解相关的基因，如酯酶基因，既可以水解体内物质为组织供能、参与参与膜脂合成和信号转导，又可以水解外源化合物，提高机体免疫力。在滞育期间上调表达的与激素代谢相关的基因，可能有助于维持滞育状态。综上可知，茶足柄瘤蚜茧蜂滞育个体与正常发育个体相比，代谢途径存在差异，对脂类营养物质的利用不同。但是本研究对以上基因在滞育期间的功能均以现有文献分析为依据推论而来，缺乏试验证据，因此具体功能仍需作进一步研究，以期与滞育人工调控联系起来，更好地为农业生产所利用。

鉴于胰岛素样蛋白在昆虫生长发育、代谢、生殖以及衰老等生命活动中的重要性，本试验筛选出与胰岛素信号通路相关及相关途径的基因，并对其功能进行探索。研究结果为深入挖掘胰岛素信号通路及其相关途径有关基因的功能奠定基础。对果蝇 *Drosophila melanogaster*（Tater et al., 2001；Williams et al., 2006），库蚊 *Culex pipiens*（Sim and Denlinger, 2008）和线虫 *Caenorhabditis elegans*（Lee et al., 2001）进行研究发现，胰岛素信号可能是调控滞育的主要发育通路。胰岛素信号受抑制后，会导致这些生物体发育停滞。敲除果蝇编码胰岛素样蛋白、胰岛素受体和胰岛素受体底物的基因，或者过表达下游转录因子 dFoxO，或者使用 PIP3 抑制剂 PTEN，这些措施都能抑制胰岛素信号，最终导致寿命延长。敲除滞育昆虫的 FoxO 后，脂质积累立刻终止。本试验研究发现，参与胰岛素信号通路，PI3K-Akt 信号通路，FoxO 信号通路，MAPK 信号通路的重要基因，Sos、FASN、TSC1、JNK、PRKAB 等基因在滞育的茶足柄瘤蚜茧蜂蛹中呈现不同程度的上调或下调表达。

　　Sos 基因最早在果蝇复眼神经发育中发现。该基因转录翻译成 178kDa 的蛋白，在果蝇各个发育期均有表达。遗传学试验结果表明，表皮生长因子结合细胞生长因子受体激活结合蛋白 GRB2，将 Sos 固定到膜上，随后 Sos 作为转化因子激活 Ras 绑定 GDP 形成 GTP。从而开启下游的一系列级联蛋白磷酸化，最终激活 MAPK 信号通路。茶足柄瘤蚜茧蜂滞育蛹中 *Sos* 基因的下调表达，势必会导致 MAPK 信号通路受到抑制。ERK 是 MAPK 家族成员，在豆长刺萤叶甲 *Atrachya menetriesi* 应对低温胁迫和家蚕 *Bombyx mori* 调节胚胎滞育过程中起作用。研究人员发现，在家蚕滞育过程中，ERK 通路调节类固醇和山梨醇的合成物，来终止家蚕幼虫的滞育。ERK 与家蚕滞育与再次发育有关。因此我们推测，在低温条件下，Sos 对 MAPK 信号通路的影响主要是影响 ERK 活性。ERK 通过参与昆虫在低温条件下的代谢，控制山梨醇、甘油等醇类物质的合成，来给出逆境保护措施，从而协助昆虫渡过难关或逆境。茶足柄瘤蚜茧蜂滞育蛹中 *Sos* 基因对影响 ERK 在耐寒机制中的作用，还需要进一步的探究。

　　PRKAB 属 AMPK 家族。AMPK 指 AMP 激活的蛋白激酶，在真核生物中广泛存在，属丝氨酸/苏氨酸蛋白激酶。AMPK 能感知能量代谢状态的改变，并通过影响细胞物质代谢的多个环节，来维持细胞能量供求平衡。滞育昆虫在能量来源紧缺的情况下，能够高效利用能量是非常重要的。昆虫通过在滞育准备阶段储存能源物质，滞育过程中降低代谢，来满足在滞育过程中的能量需求。积累充足的能源物质不仅可以帮助昆虫成功渡过不良环境进入滞育阶段，还可以为滞育结束后的发育过程提供能量。营养物质利用在滞育阶段是一个变化的过程，昆虫能够根据自身能量的积累情况调节是否进入滞育以及滞育持续的时间。目前有试验结果发现，AMPK 可调控 Rac1。Rac1 是 Rho GTP 酶超家族里 Rac 亚家族中的一员。Rho GTP 酶可以在有活性 GTP 结合形式和无活性 GDP 结合形式之间循环，Rac 蛋白当然也如此。正是这两种活性形式间的转换使得 Rac1 成为细胞内重要的信号转导分子。滞育的茶足柄瘤蚜茧蜂蛹中，*Rac1* 基因下调表达，Rac1 的激活受到抑制，因此细胞增殖受到抑制，这与茶足柄瘤蚜茧蜂在滞育期间形态不发生变化一致。所以我们猜测 Rac1 与茶足柄瘤蚜茧蜂滞育及再次发育相关，但具体怎么影响还需要进一步的试验验证。

PRKAB 基因在茶足柄瘤蚜茧蜂滞育蛹中上调表达，说明 AMPK 与茶足柄瘤蚜茧蜂的滞育相关，我们推测，AMPK 主要影响滞育过程中茶足柄瘤蚜茧蜂的能量代谢。在滞育过程中，AMPK 可通过抑制脂肪酸氧化，葡萄糖转运等，减少 ATP 的产生，使代谢减缓；同时，通过促进糖原、脂肪、胆固醇的合成，保证有足够 ATP 以满足生命活动所需要的能量。胰岛素信号参与哺乳动物的糖代谢和脂类代谢的调控，因此我们推测胰岛素样蛋白也可能参与调控昆虫滞育过程中的能量积累。

在滞育的茶足柄瘤蚜茧蜂胰岛素信号通路中，脂肪酸合成酶是催化脂肪酸合成的一种结合酶，FASN 基因下调表达，说明在滞育过程中，脂肪积累减少。在对库蚊的研究中发现，在滞育准备阶段，库蚊增加糖类摄取，积累更多脂肪。敲除 FoxO 后，库蚊雌虫不能像滞育过程中积累大量脂肪，将非滞育雌虫个体的胰岛素受体基因敲除后，卵巢发育受到抑制，促进滞育。干扰胰岛素信号，果蝇终止生殖发育并增加能源物质储存。因此我们可以认为，胰岛素信号在茶足柄瘤蚜茧蜂脂肪积累中起着关键作用。

从结果看出，茶足柄瘤蚜茧蜂在滞育过程中，多个通路中的基因表达量均有明显变化，说明在滞育过程中基因表达量的变化涉及昆虫生理生化多个方面，但 KEGG 代谢通路分析是通过整合数据来对基因更高层次的生物体形为和细胞活动进行预测，主要起到指导作用，因此，本研究中所筛选出来的与滞育关联基因在各个通路中的具体功能还需要通过进一步试验来验证。

第六章　茶足柄瘤蚜茧蜂蛹滞育
相关的蛋白质组学研究

蛋白质是生命的物质基础，生物活动的主要承担者，它是与生命及与各种形式的生命活动紧密联系在一起的物质。为了更直接地认识生物内源系统的功能，我们可以对蛋白进行表达水平的测定。蛋白的表达水平通常可以由 mRNA 的表达水平来体现，但在实际过程中，翻译效率和翻译后修饰会发生变化，因此 mRNA 也不能绝对地反映出蛋白的表达水平。从目前的研究成果来看，大多仍采用双向电泳技术来开展滞育蛋白质组学的研究，而这种传统研究技术鉴定到的差异点少，且差异蛋白主要是与结构、代谢等功能相关的表达量较高的蛋白。近年来，随着应用质谱技术对蛋白质组学进行研究，我们更方便快速地了解到了蛋白质的表达情况。利用液相二级质谱技术开展丽蝇蛹集金小蜂和家蚕的蛋白质组学研究，对滞育型和非滞育型虫体的蛋白进行鉴定，最终鉴定到上百个差异表达蛋白，为滞育的研究做出了巨大贡献。

本章我们基于 iTRAQ 技术对茶足柄瘤蚜茧蜂滞育期和非滞育期间的差异蛋白进行分析，试图深入分析与昆虫滞育发生相关的滞育关联蛋白的表达特点、参与滞育调控的途径及其机理。

第一节　总蛋白提取

从 −80℃ 冰箱取出茶足柄瘤蚜茧蜂滞育蛹与非滞育蛹样品，低温研磨成粉，迅速转移至液氮预冷的离心管，加入适量蛋白裂解液（50mmol/L Tris−HCl、8 mol/L 尿素、0.2% SDS，pH 值为 8)，振荡混匀，冰水浴超声 5min 使充分裂解。于 4℃、12 000g 离心 15min，取上清液加入终浓度 2mmol/L DTT [red] 于 56℃ 反应 1h，之后加入足量 IAA，于室温避光反应 1h。加入 4 倍体积的-20℃ 预冷丙酮于-20℃ 条件下沉淀至少 2h，于 4℃、12 000g 离心 15min，收集沉淀。之后加入 1mL -20℃ 预冷丙酮重悬并清洗沉淀。于 4℃、12 000g 离心 15min，收集沉淀，风干，加入适量蛋白溶解液（8mol/L 尿素、100mmol/L TEAB，pH = 8.5）溶解蛋白沉淀。

一、蛋白质检验

使用 Bradford 蛋白质定量试剂盒，按照说明书配制 BSA 标准蛋白溶液，浓度梯度范围为 50~1 000μg/μL。分别取不同浓度梯度的 BSA 标准蛋白溶液及不同稀释倍数的待测样品溶液加入 96 孔板中，补足体积至 20μL，每个梯度重复 3 次。迅速加入 200μL G250 染色液，室温放置 5min，测定 595nm 吸光度。计算标准品及样品平均值并减去各自的背景值得到标准品及样品的校正值，以标准品校正值对浓度绘制标准曲线，代入标准曲线的拟合公式计算待测样品的蛋白浓度。各取 30μg 蛋白待测样品进行 12% SDS-PAGE 凝胶电泳，其中浓缩胶电泳条件为 80V、20min，分离胶电泳条件为 150V、60min。电泳结束后进行考马斯亮蓝 R-250 染色，脱色至条带清晰。

二、iTRAQ 标记

各取 100μg 茶足柄瘤蚜茧蜂滞育蛹与非滞育蛹蛋白样品，加入蛋白溶解液补足体积至 100μL，加入 2μL 1μg/μL 胰酶和 500μL 100mmol/L TEAB 缓冲液，混匀后于 37℃ 酶切过夜。加入等体积的 1% 甲酸，混匀后于室温、12 000g 离心 5min，取上清缓慢通过 C18 除盐柱，之后使用 1mL 清洗液（0.1% 甲酸、4% 乙腈）连续清洗 3 次，再加入 0.4mL 洗脱液（0.1% 甲酸、45% 乙腈）连续洗脱 2 次，洗脱样品合并后冻干。加入 20μL 0.5mol/L TEAB 缓冲液复溶，并加入足量 iTRAQ 标记试剂（溶于异丙醇），室温下颠倒混匀反应 1h。之后加入 100μL 50 mmol/L Tris-HCl（pH 值为 8）终止反应，取等体积标记后的样品混合，除盐后冻干。

三、馏分分离

配制流动相 A 液（2%乙腈、98%水，氨水调至 pH 值为 10）和 B 液（98%乙腈、2%水，氨水调至 pH 值为 10）。使用 1mL A 液溶解标记后的混合样品粉末，室温下 12 000g 离心 10 min，取 1mL 体积上清进样。使用 L-3000 HPLC 系统，色谱柱为 XBridge Peptide BEH C18（25cm × 4.6mm，5μm），柱温设为 50℃。每分钟收集 1 管，合并为 10 个馏分，冻干后各加入 0.1%甲酸溶解。

四、液质检测

配制流动相 A 液（100%水、0.1%甲酸）和 B 液（80%乙腈、0.1%甲酸）。对收得馏分上清各取 2μg 样品进样，液质检测。使用 EASY-nLCTM1200 纳升级 UHPLC 系统，预柱为 Acclaim PepMap100 C18 Nano-Trap（2cm×100μm，5μm），分析柱为 Reprosil-Pur 120 C18-AQ（15cm×150μm，1.9μm）。使用 Q Exactive^{TM} HF-X 质谱仪，EASY-Spray ^{TM}离子源，设定离子喷雾电压为 2.3 kV，离子传输管温度为 320℃，质谱采用数据依赖型采集模式，质谱全扫描范围为 m/z 350~1500，一级质谱分辨率设为 60 000（200 m/z），C-trap 最大容量为 $3×10^6$，C-trap 最大注入时间为 20 ms；选取全扫描中离子强度 TOP 40 的母离子使用高能碰撞裂解（HCD）方法碎裂，进行二级质谱检测，二级质谱分辨率设为 15 000（200 m/z），C-trap 最大容量为 $1×10^5$，C-trap 最大注入时间为 45 ms，肽段碎裂碰撞能量设为 32%，阈强度设为 $8.3×10^3$，动态排阻范围设为 60 s，生成质谱检测原始数据（raw）。

五、数据统计与分析

质谱下机数据格式为 .raw，存放质谱数据完整的扫描信息，下机后的 .raw 文件直接导入到 Discoverer2.2 软件进行数据库检索，谱肽、蛋白定量。为了提高分析结果质量，降低假阳性率，Discoverer2.2 软件对检索结果做了进一步过滤：可信度在 95%以上的谱肽（PSMs）为可信 PSMs，至少包含一个 unique 肽段（特有肽段）的蛋白为可信蛋白，我们只保留可信的谱肽和蛋白，并做 FDR 验证，去除 FDR 大于 5% 的肽段和蛋白。

1. 蛋白差异分析

蛋白差异分析首先挑出需要比较的滞育组与非滞育组样品对进行蛋白差异分析，将每个蛋白在比较样品对中的所有生物重复定量值的均值的比值作为差异倍数（FC）。为了判断差异的显著性，将每个蛋白在两个比较对样品中的相对定量值进行了 T-test 检验，并计算相应的 P 值，以此作为显著性指标。当 $FC \geqslant 2.0$，同时 $P \leqslant 0.05$ 时，蛋白表现为表达量上调，当 $FC \leqslant 0.50$，同时 $P \leqslant 0.05$ 时，蛋白表现为表达量下调。

2. 差异表达蛋白的 GO 富集分析 pH 值

GO 功能显著性富集分析给出与所有鉴定到的蛋白质背景相比，差异蛋白质中显著富集的 GO 功能条目，从而给出差异蛋白质与哪些生物学功能显著相关。该分析首先把所有差异蛋白质向 Gene Ontology 数据库的各个 term 映射，计算每个 term 的蛋白质数目，然后应用超几何检验，找出与所有蛋白质背景相比，在差异蛋白质中显著富集的 GO 条目。其中 N 为所有蛋白中具有 GO 注释信息的蛋白数目，n 为 N 中差异蛋白的数目，M 为所有蛋白中注释到某个 GO 条目的蛋白数目，x 为注释到某个 GO 条目的差异蛋白数目。计算得到 P 值，以 $P \leqslant 0.05$ 为阈值，满足此条件的 GO 条目定义为在差异蛋白质中显著富集的 GO 条目，通过 GO 显著性分析能确定差异蛋白行使的主要生物学功能。

3. 差异表达蛋白的 Pathway 富集分析

KEGG Pathway 显著性富集分析方法同 GO 功能富集分析，是以 KEGG Pathway 为单位，应用超几何检验，找出与所有鉴定到蛋白背景相比，在差异蛋白中显著性富集的 Pathway。通过 Pathway 显著性富集能确定差异蛋白参与的最主要生化代谢途径和信号转导途径。

第二节　蛋白质鉴定结果及整体分布分析

研究中共鉴定到的二级谱图总数为 555 148 个，鉴定到的肽段数量为 34 642

个，鉴定到的蛋白质数量为7 261个。其中图6-1A 展示的是对鉴定到的所有蛋白质根据其分子质量绘制的统计图，结果显示，分子质量为 20~30kDa 的蛋白质数量最多，其次为>100kDa；图 6-1B 展示的是鉴定到的肽段序列长度分布情况，结果显示，含7~17 个氨基酸残基的肽段数量占绝大多数，其中包含9 个和 10 个氨基酸残基的肽段数量最多；图 6-1C 为鉴定蛋白中的 unique 肽段数分布情况，通过蛋白数据库比对后鉴定到的肽段和蛋白，将含有肽段一致的蛋白称为同一个 group 的蛋白，而每一个 group 里独有的肽段，则称为 unique 肽段，它们使蛋白

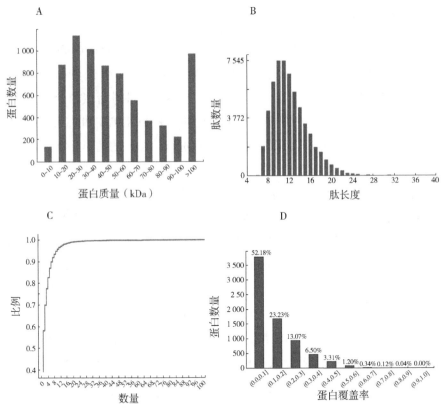

A. 蛋白质分子量分布；B. 肽段长度范围分布；C. 鉴定蛋白中的 unique 肽段数分布；

D. 蛋白覆盖度分布

图6-1　蛋白整体分布分析

质 group 具有唯一特异性，unique 肽段越多，证明鉴定到的蛋白越可靠。横坐标是含有 unique 肽段的个数，纵坐标是随着 unique 肽段个数增多时，含有 unique 肽段的蛋白占总蛋白的累积占比。图中曲线增加越来越缓慢，说明 unique 肽段数量越多，鉴定到的可靠蛋白更多。图 6-1D 所示为鉴定蛋白覆盖度分布图，横坐标为蛋白覆盖度的区间（检测到的肽段所覆盖的该蛋白长度/该蛋白的全长），纵坐标为相应区间包含的蛋白数目。结果表明，蛋白覆盖度区间为（0.0，0.1]所包含的蛋白数量最多，占总数的 52.18%。

一、蛋白功能注释

我们对鉴定到的蛋白质在 GO、KEGG、COG、结构域注释（IPR）等数据库中进行功能注释。interproscan 软件包含 PANTHER、PRINTS、Pfam、ProDom、ProSite、SMART 数据库的搜索，GO 注释就是利用此软件进行蛋白分析。对鉴定到的蛋白利用 BLAST 比对进行序列相似性比较，就是 KEGG 和 COG 注释。IPR 是通过模式结构或者特征，对未知功能的蛋白进行结构域的注释。

1. GO 注释

通过 GO 数据库，5 140个鉴定到的蛋白注释到生物过程（BP）、细胞成分（CC）、分子功能（MF）三类功能类别，共涉及 1 249条 GO 条目，其中 BP 包含 518 条 GO 条目，CC 包含 192 条，MF 包含 539 条。由于注释结果条目过多，所以在图 6-2 中只展示每个大类中蛋白数量排前 20 的条目。从图 6-2 中可以看出参与分子功能的蛋白质数量较其他两类多，其中涉及蛋白质结合功能的蛋白数量最多（967 个），ATP 结合功能次之（518 个）；在生物过程中，参与氧化还原过程的蛋白数最多（387 个），新陈代谢蛋白参与数次之（234 个）；在细胞成分大类中，除外，与核糖体有关的蛋白质数量最多（219 个）。

2. COG 注释

COG 蛋白数据库，可以通过比对将某一个蛋白序列注释到某个 COG 中，直系同源序列构成一簇 COG，以此来推测该序列的功能。对 COG 数据库功能进行分类，一共分 26 类。在本次试验中 COG 数据库注释到的蛋白数共 4 082个，其中

"翻译，核糖体结构，生源论"条目涉及蛋白质数量最多（566 个），与"翻译后修饰，蛋白质转换，分子伴侣"相关的蛋白质数量略低（555 个）。

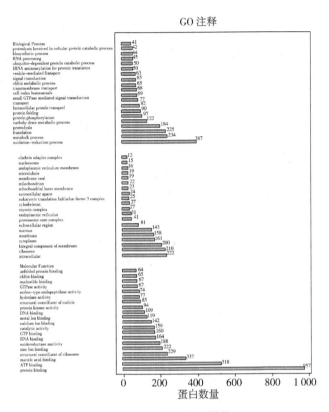

图 6-2　GO 注释结果柱状

3. KEGG 注释

在生物体内，不同蛋白相互协调来行使其生物学行为，基于 Pathway 的分析有助于更进一步了解其生物学功能。KEGG 是有关 Pathway 的主要公共数据库，通过 Pathway 分析能确定蛋白质参与的最主要生化代谢途径和信号转导途径。KEGG 注释到的蛋白数共 8 846 个，主要涉及 6 大类功能，包括细胞过程、环境信息处理、遗传信息处理、人类疾病、新陈代谢和有机体系统。在 KEGG 通路中，与信号转导和翻译功能相关的蛋白质数量较多，运输与分解代谢在细胞过程中占比最高（44.30%），在新陈代谢中，与碳水化合物代谢功能相关的蛋白数量较多，在有机体系统中，参与免疫系统的蛋白数量最多（301个）。

4. 结构域注释

蛋白质是由结构域组成的，结构域是蛋白质结构、功能和进化的单位。结构域通过复制和组合可以形成新的蛋白质，不同结构域间的组合分布并不符合随机模型，而是表现出有些结构域组合能力非常强，有些却很少与其他结构域组合的模式。研究蛋白质的结构域对于理解蛋白质的生物学功能及其进化具有重要的意义。我们利用 Interproscan 软件对鉴定到的蛋白进行结构域注释，更有助于理解蛋白质的生物学功能。我们根据注释结果，绘制了结构域注释的柱状图，结果见图 6-3。图 6-3 中显示，与 RNA 识别基结构域有关的蛋白质数量最多（167个），WD40 重复序列略低，有 128 个相关蛋白。

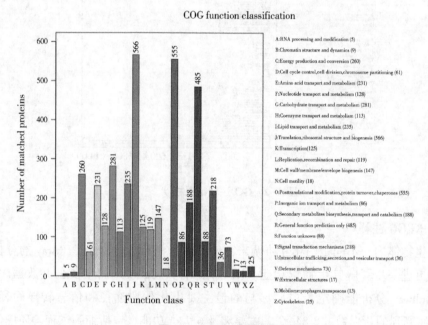

COG function classification

A:RNA processing and modification (5)
B:Chromatin structure and dynamics (9)
C:Energy production and conversion (260)
D:Cell cycle control,cell division,chromosome partitioning (61)
E:Amino acid transport and metabolism (231)
F:Nucleotide transport and metabolism (128)
G:Carbohydrate transport and metabolism (281)
H:Coenzyme transport and metabolism (113)
I:Lipid transport and metabolism (235)
J:Translation,ribosomal structure and biogenesis (566)
K:Transcription(125)
L:Replication,recombination and repair (119)
M:Cell wall/membrane/envelope biogenesis (147)
N:Cell motility (18)
O:Posttranslational modification,protein turnover,chaperones (555)
P:Inorganic ion transport and metabolism (86)
Q:Secondary metabolites biosynthesis,transport and catabolism (188)
R:General function prediction only (485)
S:Function unknown (88)
T:Signal transduction mechanisms (218)
U:Intracellular trafficking,secretion,and vesicular transport (36)
V:Defense mechanisms 73)
W:Extracellular structures (17)
X:Mobilome:prophages,transposons (13)
Z:Cytoskeleton (25)

图 6-3　COG 注释结果柱状

KEGG通路注释

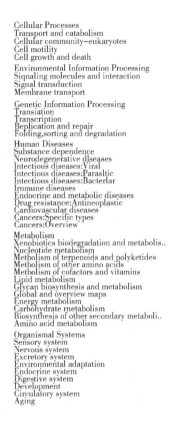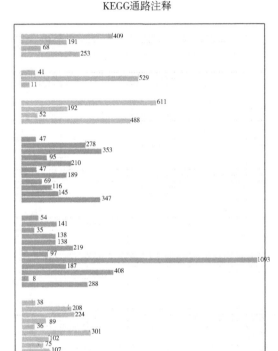

图 6-4　KEGG 注释结果柱状

二、蛋白差异分析

我们对茶足柄瘤蚜茧蜂滞育组蛹与非滞育组蛹鉴定到的蛋白进行差异分析，对两组样品中的每个蛋白的相对定量值进行 T-test 检验，并计算 P 值，并以此判断差异显著性。当 $FC \geqslant 2.0$，且 $P \leqslant 0.05$ 时，蛋白表现为表达量上调；当 $FC \leqslant 0.05$，且 $P \leqslant 0.05$ 时，蛋白表现为表达量下调。此次差异分析，在两组样品中共同鉴定到的蛋白（非共同鉴定到的蛋白无法确定上下调）共 7 251 个，差异显著

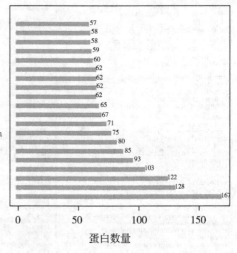

结构域注释

图6-5　结构域注释结果柱状

的蛋白总数为135个，根据上述条件筛选出显著上调的蛋白总数为38，上调表达量最高的蛋白为knottin样蛋白［*Lysiphlebus testaceipes*］，显著下调的蛋白总数为97，下调表达量最高的蛋白为该蛋白被用作转录调节剂，促进转录抑制。这些差异表达蛋白主要与糖代谢、脂代谢、蛋白质代谢等代谢过程及氨基酸转运、能量产生与转化，各种代谢酶等有关。

三、GO 富集分析

GO 注释到的差异蛋白数为90个，主要分布在生物过程、细胞成分和分子功能三大类别。富集到154条 term，共有44个 GO 条目显著富集，在生物过程部分，参与有机物代谢（39个）的蛋白数最多，高分子代谢（29）和蛋白质代谢（24个）次之；在细胞成分部分，与胞内细胞器（25个）和细胞质（20个）功能相关的蛋白数较多；在分子功能部分，参与结构分子活性（13个）和核糖体结构成分（12个）的蛋白质数量较多。与天冬氨酸转运、L-谷氨酸转运、胆碱

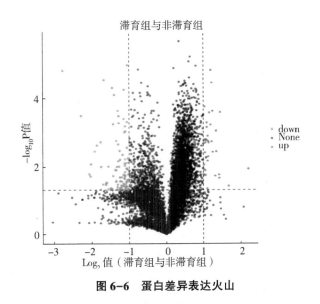

图 6-6　蛋白差异表达火山

脱氢酶活性、胆碱生物合成甘氨酸甜菜碱等条目相关的蛋白质在滞育阶段显著上调表达。

四、KEGG 富集分析

KEGG 注释到 64 个差异蛋白，共富集到 97 条 KEGG pathway，对富集通路进行显著性分析发现，除与人类疾病相关的通路外，有 3 条途径显著富集到 KEGG Pathway 上，分别是核糖体、氧化磷酸化和逆行内源性大麻素信号。除上述显著富集的途径外，KEGG 注释到的差异蛋白还主要富集到代谢途径、RNA 转运等通路。根据富集结果，绘制富集到的 KEGG 通路的气泡图（只展示 top20 的结果）。结果见图 6-7。图中横坐标表示是纵坐标代表的对应通路中差异表达的蛋白数与总蛋白数的比值，比值越大，说明差异蛋白在此通路中富集程度越高。点的颜色代表超几何检验的 p 值，p 值越小，检验越可靠，越具有统计学意义。点的大小表示的是相应通路中差异表达蛋白的数量，点越大，则代表在通路内差异蛋白富集的数量越多。

15 个富集到核糖体通路中的差异蛋白，这些蛋白主要包括 40S 核糖体蛋白

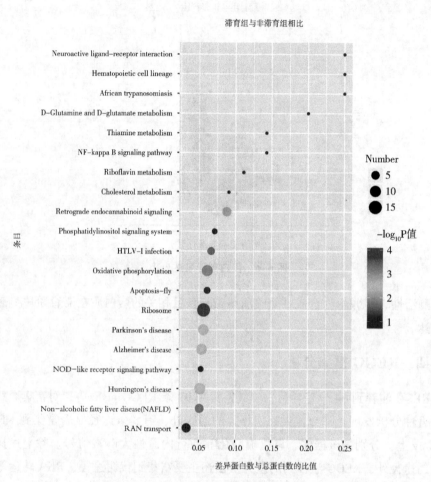

图 6-7 茶足柄瘤蚜茧蜂滞育蛹与非滞育蛹差异表达蛋白 KEGG 富集气泡

（RP）中的 S10、S12、S18、S21、S28、SA 和 60S 核糖体蛋白中的 L13、L22、L23、L24、L28、L35、L38，有 14 个蛋白下调表达，结合 GO 富集结果，共 14 个差异蛋白富集到翻译条目中，其中 13 个蛋白下调表达，表明在滞育期间茶足柄瘤蚜茧蜂蛋白合成受到抑制。共 10 个差异蛋白与氧化磷酸化通路相关，在所有差异蛋白中，未发现与底物水平磷酸化有关的蛋白，因此推测滞育过程中起主

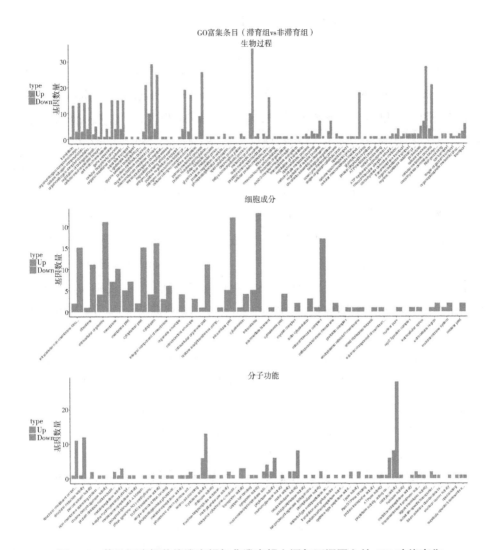

图 6-8　茶足柄瘤蚜茧蜂滞育蛹与非滞育蛹上调与下调蛋白的 GO 功能富集

要的供能作用的反应是氧化磷酸化。共 23 个差异蛋白富集到代谢通路，主要包括多糖的生物合成和代谢、脂代谢、萜类化合物和聚酮的代谢以及外源生物降解与代谢。

第三节　蛋白差异分析

近年来，发现了大量滞育关联蛋白，并对一些蛋白做了鉴定分析，对菜蛾盘绒茧蜂 *Cotesia vestalis* 进行了滞育研究，主要研究了过氧化物相关酶在其亲代效应中的作用，结果显示，亲代的滞育蛹过氧化物酶活性升高，过氧化氢酶活性降低，但是在滞育子代的卵中过氧化物酶和过氧化氢酶的活性显著提高，并以此推测，在代际间过氧化氢具有进行信号传导的作用利用 2D-DIGE 技术对翼蚜外茧蜂 *Praon volucre* 滞育与非滞育的蛋白进行检测，确定了 221 个表达显著的蛋白，对这些蛋白利用质谱技术鉴定，最终鉴定出细胞骨架蛋白、ATP 结合蛋白、角质层类蛋白、应激蛋白、糖酵解、脂代谢、蛋白质代谢等重要代谢过程中的酶等；2015 年，通过利用 iTRAQ 技术，黄凤霞对滞育与非滞育烟蚜茧蜂进行蛋白检测，在滞育阶段，发现 278 个蛋白上调表达。目前尚未见到有关茶足柄瘤蚜茧蜂滞育蛋白组学相关研究，本研究通过 iTRAQ 技术对其开展研究，为小型寄生蜂蛋白质组学的研究提供借鉴。

一是蛋白质合成是细胞中最主要的耗能过程，在茶足柄瘤蚜茧蜂蛹滞育期间，与核糖体通路相关的蛋白下调表达，说明蛋白质合成过程受到抑制，此过程的减弱，可以节省大量能量，以满足滞育调控和基本生命活动的耗能。除与蛋白质合成相关外，有研究发现，核糖体蛋白还对细胞增殖、分裂、分化起到调节作用。在黑腹果蝇中发现，核糖体蛋白 S2 基因的突变，会导致卵子发育停滞，核糖体蛋白 S6 基因的突变，则会导致黑色素瘤的形成，淋巴腺增生以及血细胞的不正常分化。通过利用 RNA 干扰技术，推测成虫滞育的黑腹果蝇与尖音库蚊的 RPS3a 对卵巢的发育终止起调控作用，但也有可能只是下调调控蛋白质的合成。在大肠杆菌中发现，核糖体蛋白 S1、L14 与 DNA 复制相关，在转录过程中，S10 与抗终止作用相关，而 S12 在 RNA 加工中做出贡献。在人体中发现，核糖体蛋白 S14 和 L17 调控其本身的翻译过程，S14 可以抑制自身转录，而 L17 可以抑制 mRNA 的翻译在茶足柄瘤蚜茧蜂滞育蛹中，这些核糖体蛋白除与蛋白质合成相关外，可能也参与调控细胞发育，但茶足柄瘤蚜茧蜂滞育蛹中鉴定到的核糖体蛋白是否具有这样的功能，还需要进一步试验验证。

二是能量代谢是滞育昆虫成活的关键，滞育期间的营养储备水平直接影响昆虫的存活情况以及滞育后的发育和生殖。KEGG 通路分析显示，茶足柄瘤蚜茧蜂蛹滞育相关蛋白在氧化磷酸化通路显著上调。在有氧条件下，氧化磷酸化作用是需氧细胞生物生命活动的主要能量来源，在细胞内的有机分子经氧化分解形成 CO_2 和 H_2O，并释放出能量使 ADP 和 Pi 合成 ATP。其中有 10 个与能量产生及转化有关的蛋白过表达。在本研究中发现的与茶足柄瘤蚜茧蜂滞育相关的蛋白质主要涉及烟酰胺腺嘌呤二核苷酸（NADH）脱氢酶亚基（复合物）、细胞色素 bc_1 复合物亚基、ATP 合酶 ε 亚基、谷氨酸脱氢酶（GDH）等。

NADH 脱氢酶催化由 NADH 至辅酶 Q 的电子传递过程，同时将电子由线粒体基质转移至膜间隙。细胞色素 bc_1 复合物是线粒体呼吸电子传递链中的核心元素，是催化从辅酶 Q 到细胞色素 C 的电子传递过程，同时将质子由线粒体基质泵至膜间隙。ATP 合酶 ε 亚基，属于 ATP 合酶 F_1 组分。

ATP 合酶，又称 F_0F_1-ATP 酶，在细胞内催化能源物质 ATP 的合成（王镜岩等，2008）。在茶足柄瘤蚜茧蜂呼吸作用过程中通过电子传递链释放的能量先转换为跨膜质子（H^+）梯差，之后质子流顺质子梯差通过 ATP 合酶可以使 ADP+Pi 合成 ATP。ε 亚基有抑制酶水解 ATP 的活性，同时有堵塞 H^+ 通道，减少 H^+ 外泄的功能，这一功能保证了茶足柄瘤蚜茧蜂在滞育过程中 ATP 的顺利合成（倪张林，2001）。在环境胁迫条件下，能量需求增加，通过氧化磷酸化途径，能量产生增加，从而为滞育期间的茶足柄瘤蚜茧蜂提供更多的能量和营养物质，推断 NADH 脱氢酶、细胞色素 bc_1 复合物、ATP 合酶对茶足柄瘤蚜茧蜂的逆境生存和能量缓冲有积极作用。

谷氨酸脱氢酶是调控机体碳、氮代谢相互交叉的重要酶，催化氧化脱氨基作用，氨基酸脱氨基后形成的氨是有毒物质。绝大多数陆生动物将脱下的氨转变为尿素排泄。

三是在 GO 富集结果中显示，与天冬氨酸转运、L-谷氨酸转运条目相关的蛋白在滞育过程中上调表达，而天冬氨酸和谷氨酸是尿素形成的关键。线粒体中的谷氨酸脱氢酶将谷氨酸的氨基脱下，为氨甲酰磷酸的合成提供游离的氨；细胞质中的谷草转氨酶把谷氨酸的氨基转移给草酰乙酸，草酰乙酸再形成天冬氨酸进入尿素循环，谷氨酸为循环间接提供第二个氨基。同时谷氨酸脱氢酶在茶足柄瘤蚜茧蜂滞育蛹中上调表达，表明滞育蛹体内将有更多的氨进入尿素循环。这可能是由于滞育蛹新陈代谢较弱，从而抑制了氨基酸的合成，导致氨过剩的结果。此外，有研究报道，滞育型棉铃虫幼虫可能通过在体内积累大量尿素达到抵御低温的作用，茶足柄瘤蚜茧蜂滞育蛹也同样可能利用尿素来提高其耐寒性。

四是 NADH 产生于糖酵解和细胞呼吸作用中的柠檬酸循环，谷氨酸经过转化后可生成柠檬酸循环中间物质 2-氧戊二酸，说明茶足柄瘤蚜茧蜂滞育对柠檬酸循环产生了显著影响。柠檬酸循环不仅为生命体提供能量，同时也是糖类、脂类和氨基酸三者之间互转化的枢纽。已有研究表明，柠檬酸循环在昆虫滞育期间受到抑制，这与滞育期间代谢减弱相符合。茶足柄瘤蚜茧蜂在滞育期间代谢减弱，与正常发育的茶足柄瘤蚜茧蜂相比，产能必定减少，但机体仍需要热能来抵御低温。在低温环境下，生物体产热增加，散热减少。而试验证明，在滞育过程中，参与氧化磷酸化通路的蛋白上调表达，说明此过程中产生的一部分能量用作维持正常的生命活动，还有一部分产生的是热能。自然界适应冷环境的动物，利用氧化磷酸化解偶联的方式产生大量的热。它们的脂肪组织中有一种褐色脂肪组织含有产热素又称解偶联蛋白，能构建一种被动质子通道，使质子流从内膜外流向基质而不经过 F_0F_1 复合体的 F_0 通道而是又回到基质，结果产生热而不形成 ATP（王镜岩等，2008）。我们推测滞育的茶足柄瘤蚜茧蜂脂肪组织中可能也存在这种"解偶联剂"，使得虫体在氧化磷酸化过程中既能满足生命活动所需的能量，又能保证足够的热量来抵御低温环境。但滞育的茶足柄瘤蚜茧蜂体内是否含有这样的物质，我们需进一步探究。

五是胆碱脱氢酶活性、胆碱生物合成甘氨酸甜菜碱条目相关蛋白在 GO 富集结果中显著上调，胆碱脱氢酶可催化底物合成甘氨酸甜菜碱，因此甘氨酸甜菜碱的含量在滞育的茶足柄瘤蚜茧蜂蛹中必然增加。在滞育条件下，茶足柄瘤蚜茧蜂受到水分胁迫，甜菜碱作为有机渗透剂可维持细胞渗透压，同时甜菜碱对酶有保护作用，不仅可以抵御冰冻胁迫，对有氧呼吸和能量代谢过程也有良好的保护作用。

综上所述，本研究从蛋白质组整体层面阐明茶足柄瘤蚜茧蜂蛹滞育背后的多蛋白调控，重点筛选了与核糖体、能量代谢相关的滞育关联蛋白并对能量代谢相关蛋白的功能进行了分析，有助于更好地理解茶足柄瘤蚜茧蜂蛹滞育的代谢机制，进一步扩展了对蚜茧蜂滞育机制的理解，为基于遗传或化学调控天敌滞育建立提供了新思路、新平台，具有重要的理论意义以及潜在的应用价值。

第七章 茶足柄瘤蚜茧蜂蛹滞育相关的代谢组学研究

前文通过转录组测序和 iTRAQ 技术从 mRNA 和蛋白水平展示了茶足柄瘤蚜茧蜂蛹在滞育与非滞育条件下存在的差异，从基因和蛋白质层面探索差异出现的原因，而实际上细胞内许多生命活动是发生在代谢物层面的，如细胞信号释放、能量传递、细胞间通信等都是受代谢物调控的，更多地反映了细胞所处的环境。本章通过代谢组学对滞育与非滞育蛹进行研究，寻找两种条件下蛹的差异代谢物，从代谢物层面解释出现差异的原因。

第一节 茶足柄瘤蚜茧蜂代谢物提取

取 100mg 液氮研磨的茶足柄瘤蚜茧蜂滞育蛹与非滞育组组织样本，置于 EP 管中，加入 500μL 含 0.1% 甲酸的 80% 甲醇水溶液，涡旋振荡，冰浴静置 5min，在 15 000r/min、4℃ 条件下离心 10min，取一定量的上清加质谱级水稀释至甲醇含量为 53%，并置于离心管中离心 10min，收集上清，进样 LC-MS（液质联用）进行分析。从每个试验样本中取等体积样本混匀作为待测样本。Blank 样本为含 0.1% 甲酸的 53% 甲醇水溶液代替试验样本，处理过程与试验样本相同。

一、色谱条件

色谱柱：Hyperil Gold column（C18）

柱温：40℃

流速：0.2mL/min

正模式：流动相 A（0.1%甲酸）

流动相 B：甲醇

负模式：流动相 A（5mmol/L 醋酸铵，pH 值为 9.0）

流动相 B：甲醇

二、质谱条件

扫描范围选择 m/z 70～1 050；电喷雾离子源（ESI）的设置：喷雾电压（Spray Voltage）3.2kV；保护气流速率 35arb；辅助气流速率 10arb；毛细管温度320℃；离子源分别采用正离子和负离子扫描模式；MS/MS 二级扫描为 data-dependent scans。

三、代谢物定性定量分析

1. 代谢物的鉴定

将滞育组与非滞育组 2 个处理共 12 个样本的 .raw 格式原始数据文件导入Compound Discoverer 3.1（CD）搜库软件中，进行保留时间、质比等参数的简单筛选，然后对不同样品根据保留时间偏差 0.2min 和质量偏差 5mg/kg 进行峰对齐，使鉴定更准确，随后根据设置的质量偏差 5mg/kg、信号强度偏差 30%、信噪比 3、最小信号强度为 100 000、加和离子等信息进行峰提取，同时对峰面积进行定量，再整合目标离子，然后通过分子离子峰和碎片离子进行分子式的预测并与 mzCloud、mzVault 和 MassList 数据库进行比对，用 blank 样本去除背景离子，并对定量结果进行归一化，最后得到数据的鉴定和定量结果。

2. 数据质控

代谢组具有易受外界因素干扰且变化迅速的特点，因此，数据质量控制（QC）是获得可重复性和准确性代谢组结果的必要步骤。尤其是当样本量大的时候，样品上机检测需要一定的时间，代谢物检测过程中仪器的稳定性、信号响应强度是否正常就显得尤为重要。质控能够及时发现异常，尽早解决问题，以保证最终采集数据的质量。

3. 代谢物功能及分类注释

对鉴定到的代谢物进行功能和分类注释，主要的数据库包括 KEGG、HMDB、LIPID MAPS 等。通过利用这些数据库对鉴定到的代谢物进行注释，以了解不同代谢物的功能特性及分类情况。

4. 差异代谢物筛选

由于代谢组数据具有高维度且变量间高度相关的特点，运用传统的单变量分析无法快速准确地挖掘数据内潜在的信息。因此在代谢组数据分析需要运用多元统计的方法，如主成分分析（PCA）、偏最小二乘法判别分析（PLS-DA），在最大程度保留原始信息的基础上对采集的多维数据进行降维和回归分析，然后进行差异代谢物的筛选及后续分析。PLS-DA 分析是一种有监督的判别分析统计方法。该方法运用偏最小二乘回归建立代谢物表达量与样品类别之间的关系模型，来实现对样品类别的预测。建立各比较组的 PLS-DA 模型，经七次循环交互验证得到的模型评价参数（R2，Q2），如果 R2 和 Q2 越接近 1，表明模型越稳定可靠。

5. 差异代谢物分析

本试验中我们对差异代谢物进行了聚类分析，相关性分析及 Z-score 分析。我们通过利用聚类分析可以判断在滞育与非滞育条件下茶足柄瘤蚜茧蜂蛹体内代谢物的代谢模式。代谢模式相似的代谢物可能具有相似的功能，可能共同参与同一代谢过程或者细胞通路。因此通过将代谢模式相同或者相近的代谢物聚成类，可以推测某些代谢物的功能。

不同代谢物之间具有协同或互斥关系，比如某类代谢物变化趋势相同，则为正相关；与某类代谢物变化趋势相反，则为负相关。差异代谢物相关性分析的目的是查看代谢物与代谢物变化趋势的一致性，通过计算所有代谢物两两之间的皮尔逊相关系数来分析各个代谢物间的相关性。

Z-score（标准分数）是基于代谢物的相对含量转换而来的值，用于衡量同一水平面上代谢物的相对含量的高低。Z-score 的计算是基于参考数据集（对照组）的平均值和标准差进行的，具体公式表示为：$z = (x-\mu) / \sigma$。其中 x 为某一具体分数，μ 为平均数，σ 为标准差。

第二节　代谢物定量结果

使用 CD 数据处理软件，对样本中检测到的色谱峰进行积分，其中每个特征峰的峰面积表示一个化合物的相对定量值，使用总峰面积对定量结果进行归一化，最后得到代谢物的定量结果。

一、QC 样本质控

基于峰面积值来计算 QC 样本（QC 样本是由待测样本等量混合制成）之间的 pearson 相关系数，QC 样本相关性越高（R_2 越接近于 1）说明整个检测过程稳定性越好，数据质量越高。QC 样本相关性见图 7-1。其中 A 代表正离子模式下的相关性分析，B 表示负离子模式下的相关性分析。

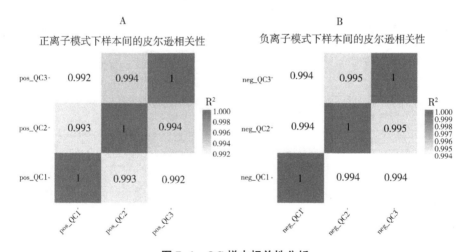

图 7-1　QC 样本相关性分析

二、总样品 PCA 分析

主成分分析（PCA）是将一组可能存在相关性的变量，通过正交变换转换为一组线性不相关变量的统计方法，转换后的这组变量即称为主成分。代谢组数据可以被认为是一个多元数据集，PCA 则可以将代谢物变量按一定的权重通过线性组合进行降维，然后产生新的特征变量，通过主要新变量（主成分）的相似性对其进行归类，从总体上反映各组样本之间的总体代谢差异和组内样本之间的变异度大小。使用 MetaX 软件对数据进行对数转换及中心化格式化处理。

将所有试验样本和 QC 样本提取得到的峰，经 UV 处理后进行 PCA 分析。QC 样本差异越小说明整个方法稳定性越好数据质量越高，体现在 PCA 分析图上就是 QC 样本的分布会聚集在一起。见图 7-2。A 和 B 代表正离子模式，C 和 D 代表负离子模式。

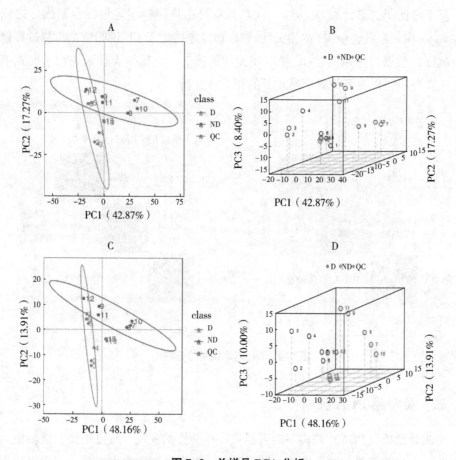

图 7-2　总样品 PCA 分析

三、KEGG 功能注释

在生物体内，不同代谢物相互协调行使其生物学功能，基于 Pathway 的分析有助于更进一步了解其生物学功能。通过 Pathway 分析可以确定代谢物参与的最主要的生化代谢途径和信号转导途径。KEGG 数据库注释结果见图 7-3。A 代表正离子模式，B 代表负离子模式。代谢物质主要集中在新陈代功能中，主要涉及碳水化合物代谢、氨基酸代谢、脂肪酸代谢、核苷酸代谢等。A 显示，正离子模式下代谢物共参与五大类功能。在有机体系统中，消化系统涉及的代谢物质数量最多（18 种），排泄系统涉及的代谢物数量最少（2 种）。在环境信息处理过程中，三条通路涉及的代谢物数量基本相同，信号分子与相互作用途径中包含 7 种代谢物，信号转导途径也包含 7 种代谢物，膜运输途径包含 8 种代谢物。B 显示，在负离子模式下，代谢物参与四大类功能，并未参与细胞过程。在有机体系

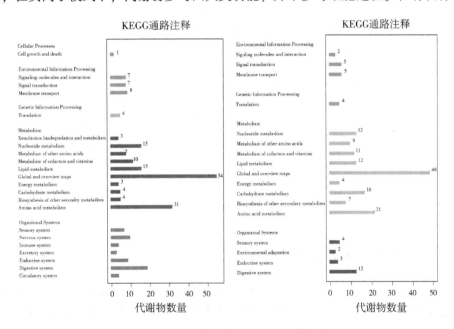

注：横坐标代表代谢物数目，纵坐标代表注释到的 KEGG 条目。

图 7-3　KEGG 功能注释

统中，代谢物参与数最少的途径是环境适应，只有 2 种代谢物。在遗传信息处理功能中，与 A 相同，B 中也只涉及一种途径，翻译，且代谢物数量都是 2 种。

四、HMDB 分类注释

HMDB 是包含有关人体中发现的小分子代谢物及其生物学作用、生理浓度、疾病关联、化学反应、代谢途径等详细信息的数据库。HMDB 的注释结果见图 7-4。同样的，A 代表正离子模式下的 HMDB 分类注释图，B 代表负离子模式下的注释图。代谢物在 HMDB 数据库中，注释的条目共有 10 条。在 A 和 B 中，代谢物数量排前三的 term 都是脂质和类脂质分子，有机酸及其衍生物和有机杂环化合物。

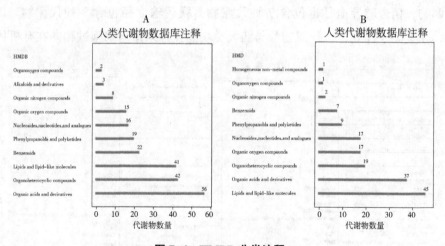

图 7-4　HMDB 分类注释

五、LIPID MAPS 分类注释

LIPID MAPS 是包含了生物相关的脂质结构以及注释的数据库，是目前世界上最大的公共脂质数据库。LIPID MAPS 数据库对脂质的八大类及其子分类进行注释，八大类分别是脂肪酸类（FA）、甘油酯类（GL）、甘油磷脂类（GP）、鞘脂类（SP）、固醇脂类（ST）、孕烯醇酮脂类（PR）、糖脂类（SL）、多聚乙烯类（PK）。每个类别又具有自己的下一级分类。LIPID MAPS 数据库的注释结果

见图 7-5。同样，A 代表正离子模式下的 LIPID MAPS 分类注释图，B 代表负离子模式下的注释图。正离子模式下，代谢物注释到的条目数较负离子模式下代谢物注释到的条目数多，负离子模式下代谢物仅注释到 8 条 term，而正离子模式下注释到 13 条，但两种模式下的代谢物都注释到 FA、PK、PR 和 ST 四类脂质中，且代谢物主要集中在 FA 子分类中。A 中，脂肪胺子分类中所含代谢物数量最多（6 种），在十八烷类、芳香聚酮、黄曲霉素及其相关物质、异戊二烯类子分类种，代谢物数量都为 1；B 中，脂肪酸和共轭物子分类中所含代谢物数量最多（21 种），异戊二烯类代谢物数量为 1。

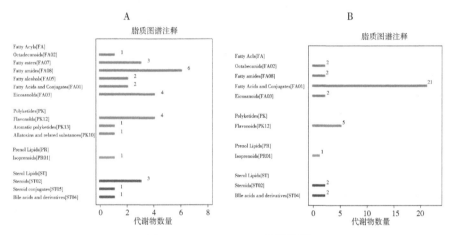

图 7-5　LIPID MAPS 分类注释

第三节　差异代谢物筛选

一、主成分分析（PCA）

采用 PCA 的方法，观察两组样本之间的总体分布趋势。A、B 代表正离子模式下的主成分分析，C、D 代表负离子模式下的主成分分析。

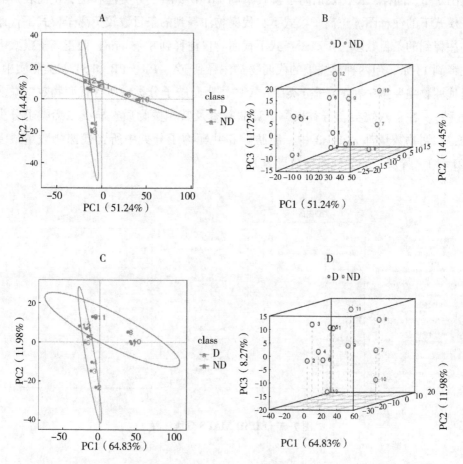

注：图中横坐标 PC1 和纵坐标 PC2 分别表示排名第一和第二的主成分的得分，不同颜色的散点表示不同试验分组的样本，椭圆为 95% 的置信区间。

图 7-6 主成分分析（PCA）

二、偏最小二乘法判别分析（PLS-DA）

为了判别模型质量好坏，还会对模型进行排序验证，检验模型是否"过拟合"。模型的是否"过拟合"体现了模型构建的是否准确，未"过拟合"说明模型能较好的描述样本，并可作为模型生物标记物群寻找的前提，"过拟合"则说明该模型不适合用来描述样本，也不宜以此数据做后期分析。具体方法是将每个样本的分组标记随机打乱后再进行建模和预测，每次建模都对应着一组 R2 和 Q2 的值，根据 200 次打乱并建模后的 Q2 和 R2 值可以得到它们的回归线，一个可靠模型的 Q2 应显著大于随机打乱分组建模后得到的 R2，而当 R2 数据大于 Q2 数据且 Q2 回归线与 Y 轴截距小于 0 时，就可以表明模型未"过拟合"，如图 7-6 所示。同样地，A、B 代表正离子模式下的 PLS-DA，C、D 代表负离子模式下的 PLS-DA。

按照描述的检验方法我们可知，排序验证图 7-6 中 B 和 D 所呈现出的结果代表模型未"过拟合"，模型建立良好。在得分散点图中，根据第一主成分和第二主成分可将非滞育和滞育的茶足柄瘤蚜茧蜂明显区分开。

三、差异代谢物分析

采用 PLS-DA 模型第一主成分的变量投影重要度（VIP）值，VIP 值表示不同分组中代谢物差异的贡献率；差异倍数（FC）为每个代谢物在比较组中所有生物重复定量值的均值的比值；并结合 T-test 的 P 值来寻找差异性表达代谢物，设置阈值为 VIP > 1.0，差异倍数 FC>1.2 或 FC<0.833 且 P<0.05，FC>1.2 时差异代谢物显著上调，FC<0.833 差异代谢物显著下调。筛选出的差异代谢物如表 7-1。表 7-1 中显示，在正离子模式下，总共鉴定到的化合物有 613 种，其中差异显著的代谢物有 81 种，包括 39 种显著上调的代谢物和 42 种显著下调的代谢物；在负离子模式下，鉴定到的化合物总数为 419，差异显著的代谢物有 34 种，显著上调与显著下调的代谢物都是 17 种。

表 7-2、表 7-3 对显著上、下调的代谢物进行统计发现，非滞育组与滞育组相比，脂类代谢物在差异代谢物中占比较大，其中上调脂类代谢物 18 种，下调 9 种，包含溶血磷脂类、甘油磷脂类、羟脂肪酸支链脂肪酸酯。磷脂酰胆碱 PC（17：1/17：1），4.88 倍，PC（18：0e/18：2），4.94 倍；磷脂酰乙醇胺 PE（18：0/18：2），3.05 倍；以及一些溶血磷脂酰胆碱 LPC，溶血磷脂酰乙醇胺 LPE 在滞育组中显著下调；溶血磷脂酸 LPA（16：0），0.26 倍，溶血磷脂酰丝氨酸 LPS（20：4），0.075 倍，溶血磷脂酰肌醇 LPI 在滞育组显著上调。

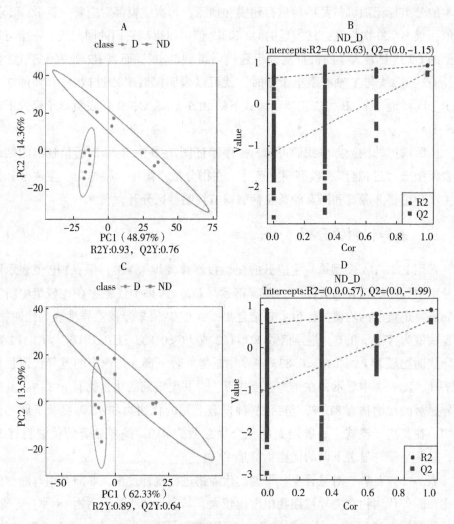

注：得分散点图，横坐标为样本在第一主成分上的得分；纵坐标为样本在第二主成分上的得分；R2Y 表示模型的解释率，Q2Y 用于评价 PLS–DA 模型的预测能力，且 R2Y 大于 Q2Y 时表示模型建立良好。排序检验，横坐标代表随机分组的 Y 与原始分组 Y 的相关性，纵坐标代表 R2 和 Q2 的得分。

图 7-7　PLS-DA 得分散点图及排序验证

表 7-1　代谢物差异分析结果

比较的样品对	鉴定化合物总数	差异显著的代谢物总数	显著上调的代谢物总数	显著下调的代谢物总数
正离子模式	613	81	39	42
负离子模式	419	34	17	17

表 7-2　上调差异代谢物统计

代谢物 ID	代谢物描述	比较对差异倍数	比较对显著性 P 值
Com_ 10635_ pos	6-methyl-2-nitro-3-［2-nitro-4-（trifluoromethyl）phenoxy］pyridine	5.906 9	2.010E-09
Com_ 3291_ pos	4-Phenyl-3-buten-2-one	8.359 5	2.574E-06
Com_ 9081_ pos	Mycophenolic acid	7.965 0	8.028E-06
Com_ 3355_ pos	methyl-4-［（3-methyl-2-thienyl）methylene］-1，3-oxazol-5（4H）-one	6.173 1	7.504E-05
Com_ 9004_ pos	N′-hydroxy-2-methyl-1，3-thiazole-4-carboximidamide	15.760 2	8.513E-05
Com_ 10526_ pos	Scopoletin	11.010 2	0.000 269
Com_ 5142_ pos	3-amino-2，6-diphenyl-4，7-dihydro-2H-pyrazolo［3，4-d］pyrimidin-4-one	5.229 1	0.000 275
Com_ 698_ pos	2-（4-methylphenyl）-2-oxoethyl thiocyanate	4.534 7	0.000 313
Com_ 3612_ pos	3-Hydroxy-3-Methyl Butyric Acid	3.392 1	0.000 397
Com_ 6412_ pos	N-Acetylhistamine	2.871 1	0.000 575
Com_ 8837_ pos	2-phenylthiomorpholin-3-one	4.066 5	0.000 655
Com_ 979_ pos	2′-Deoxyadenosine-5′-monophosphate	4.803 5	0.000 840
Com_ 4396_ pos	3-｛［3，5-di（trifluoromethyl）anilino］methylidene｝pentane-2，4-dione	4.172 5	0.000 853
Com_ 3900_ pos	Lysopg 18：1	3.318 0	0.000 873
Com_ 5271_ pos	Maltotetraose	3.739 9	0.001 022
Com_ 10176_ pos	1-O-（3，4，5-Trimethoxybenzoyl）-beta-L-galactopyranose	6.643 0	0.001 043
Com_ 790_ pos	LPC 16：2	4.635 8	0.001 166
Com_ 1176_ pos	Uridine 5′-monophosphate	3.097 3	0.001 514
Com_ 6219_ pos	N2，N2-Dimethylguanosine	2.721 1	0.001 600
Com_ 138_ pos	LPC 16：0	3.515 0	0.001 666

（续表）

代谢物 ID	代谢物描述	比较对差异倍数	比较对显著性 P 值
Com_ 184_ pos	Phosphocholine	5.377 3	0.002 275
Com_ 2037_ pos	Vindoline	4.397 6	0.002 853
Com_ 852_ pos	LPE 14∶0	4.445 9	0.002 901
Com_ 285_ pos	Glycerophospho-N-palmitoyl ethanolamine	4.768 2	0.003 102
Com_ 1636_ pos	Acetophenone	2.785 6	0.004 198
Com_ 4475_ pos	3-methyl-1-benzothiophene-2-carbaldehyde oxime	16.663 3	0.004 550
Com_ 7822_ pos	3-（methylsulfonyl）-2H-chromen-2-one	8.646 3	0.006 034
Com_ 147_ pos	LPE 18∶1	6.461 5	0.008 134
Com_ 393_ pos	LPE 16∶0	4.591 3	0.008 490
Com_ 12443_ pos	9-chloro-12H-benzo［5，6］［1，4］thiazino［2，3-b］quinoxaline	5.723 0	0.008 586
Com_ 137_ pos	Lysopc 18∶3	3.307 7	0.009 349
Com_ 3617_ pos	cis-7-Hexadecenoic Acid	2.275 7	0.017 166
Com_ 10579_ pos	PC（17∶1/17∶1）	4.878 5	0.017 315
Com_ 591_ pos	Glu-Gln	4.829 2	0.019 106
Com_ 8580_ pos	Lysope 16∶0	4.362 8	0.019 554
Com_ 4637_ pos	3，3′，5-Triiodo-L-Thyronine	5.483 2	0.027 859
Com_ 1955_ pos	LPE 20∶2	10.295 1	0.043 684
Com_ 1979_ pos	LPE 17∶0	3.228 9	0.045 603
Com_ 967_ pos	LPE 20∶1	22.428 6	0.049 986
Com_ 2048_ neg	4-Allyl-2-（¬-D-glucopyranosyloxy）phenyl¬-D-glucopyranoside	12.554 4	0.000 035
Com_ 4597_ neg	Juglalin	10.425 0	0.000 045
Com_ 5178_ neg	LPI 17∶2	2.850 7	0.000 199
Com_ 685_ neg	LPG 16∶0	3.825 1	0.000 557
Com_ 561_ neg	N1-morpholinocarbothioylbenzamide	9.011 5	0.000 637
Com_ 83_ neg	1-Kestose	4.943 8	0.000 940
Com_ 108_ neg	D-Raffinose	5.666 3	0.003 136
Com_ 749_ neg	Verbascose	3.787 6	0.005 410

（续表）

代谢物 ID	代谢物描述	比较对差异倍数	比较对显著性 P 值
Com_ 2334_ neg	LPE 19∶1	32. 396 0	0. 006 816
Com_ 329_ neg	Stachyose	4. 140 2	0. 007 862
Com_ 731_ neg	3-Phosphoglyceric acid	3. 583 3	0. 009 990
Com_ 2159_ neg	2′-Deoxyadenosine 5′-monophosphate （dAMP）	2. 661 0	0. 010 626
Com_ 2000_ neg	PE （18∶0/18∶2）	3. 049 1	0. 013 899
Com_ 243_ neg	2-Hydroxymyristic acid	4. 359 5	0. 014 211
Com_ 4819_ neg	PC （18∶0e/18∶2）	4. 935 5	0. 034 651
Com_ 1219_ neg	Hydrocinnamic acid	6. 427 0	0. 044 153
Com_ 4333_ neg	FAHFA （18∶2/16∶1）	10. 944 9	0. 048 348

表 7-3　下调差异代谢物统计表

代谢物 ID	代谢物描述	比较对差异倍数	比较对显著性 P 值
Com_ 1360_ pos	Formononetin	0. 034 3	0. 000 037
Com_ 4613_ pos	6- （3-hydroxybutan-2-yl） -5- （hydroxymethyl） -4-methoxy-2H-pyran-2-one	0. 083 6	0. 000 143
Com_ 10269_ pos	N-P-Coumaroyl Spermidine	0. 161 3	0. 000 549
Com_ 5894_ pos	N-Acetyl-D-phenylalanine	0. 282 8	0. 000 716
Com_ 10130_ pos	Estradiol	0. 357 3	0. 000 739
Com_ 4572_ pos	Aflatoxin B1	0. 087 6	0. 001 525
Com_ 7678_ pos	1, 4-dihydroxy-1, 4-dimethyl-7- （propan-2-ylidene） -decahydroazulen-6-one	0. 152 0	0. 002 211
Com_ 493_ pos	Allantoic acid	0. 191 9	0. 002 394
Com_ 7250_ pos	Glycitein	0. 135 5	0. 002 680
Com_ 635_ pos	N- （4-chlorophenyl） -5-hex-1-ynylnicotinamide	0. 055 1	0. 002 875
Com_ 2655_ pos	Indole-3-lactic acid	0. 335 4	0. 003 012
Com_ 2175_ pos	5- （tert-butyl） -3- ［ （2-cyanoacetyl） amino］ thio-phene-2-carboxamide	0. 112 9	0. 003 272
Com_ 10603_ pos	5- ［ （2-hydroxybenzylidene) amino］ -2- （2-methoxye-thoxy) benzoic acid	0. 192 0	0. 004 425

（续表）

代谢物 ID	代谢物描述	比较对差异倍数	比较对显著性 P 值
Com_ 489_ pos	Agmatine	0.211 1	0.004 800
Com_ 10645_ pos	5，7-dihydroxy-2-phenyl-4H-chromen-4-one	0.286 9	0.005 154
Com_ 64_ pos	α-Eleostearic acid	0.298 2	0.007 378
Com_ 3529_ pos	5-hydroxy-6，7-dimethoxy-2-phenyl-4H-chromen-4-one	0.054 8	0.007 456
Com_ 7201_ pos	Estradiol benzoate	0.256 5	0.009 684
Com_ 3061_ pos	（+）-ar-Turmerone	0.279 5	0.009 905
Com_ 1371_ pos	N1-Acetylspermine	0.094 1	0.013 400
Com_ 3371_ pos	Quinidine	0.248 3	0.014 594
Com_ 6341_ pos	Xanthosine	0.253 4	0.015 136
Com_ 3513_ pos	N-Palmitoyl taurine	0.162 6	0.015 228
Com_ 1171_ pos	（2R）-2-［（2R，5S）-5-［（2S）-2-hydroxybutyl］oxolan-2-yl］propanoic acid	0.250 5	0.018 915
Com_ 1035_ pos	LPC 18：4	0.043 1	0.020 665
Com_ 450_ pos	2-Amino-1，3，4-octadecanetriol	0.384 4	0.022 508
Com_ 2265_ pos	4-（isopropylsulfonyl）-3-（1H-pyrrol-1-yl）-2-thiophenecarbohydrazide	0.422 3	0.024 860
Com_ 9593_ pos	mesityl（piperidin-4-yl）methanone hydrochloride	0.332 0	0.025 217
Com_ 5549_ pos	γ-Nonanolactone	0.423 1	0.026 590
Com_ 650_ pos	Acetyl-L-carnitine	0.132 4	0.028 813
Com_ 420_ pos	N1-perhydrocyclopenta［d］pyrimidin-2-ylidenbenzene-1-sulfonamide	0.052 4	0.031 177
Com_ 815_ pos	Prunin	0.292 7	0.032 125
Com_ 1640_ pos	3-methyl-5-phenylpyridazine	0.268 2	0.036 366
Com_ 9719_ pos	6，9-dimethoxy-11H-indeno［1，2-b］quinoxalin-11-one	0.493 3	0.039 627
Com_ 880_ pos	Norharman	0.222 3	0.039 934
Com_ 8036_ pos	（5-methyl-3-isoxazolyl）［4-（5-propyl-2-pyrimidinyl）piperazino］methanone	0.354 0	0.040 013
Com_ 279_ pos	6-Methylquinoline	0.285 4	0.040 266
Com_ 1898_ pos	（1，3，5-trimethyl-1H-pyrazol-4-yl）-1H-1，2，4-triazole-3，5-diamine	0.334 9	0.042 827

（续表）

代谢物 ID	代谢物描述	比较对差异倍数	比较对显著性 P 值
Com_ 318_ pos	2, 3, 4, 9 - Tetrahydro - 1H - β - carboline - 3 - carboxylic acid	0.288 2	0.043 082
Com_ 322_ pos	2-methyl-2, 3, 4, 5-tetrahydro-1, 5-benzoxazepin-4-one	0.288 3	0.044 739
Com_ 3944_ pos	ACar 14 : 1	0.266 3	0.048 190
Com_ 765_ pos	Xanthurenic acid	0.355 3	0.048 649
Com_ 4733_ neg	FAHFA（18 : 3/3 : 0）	0.261 3	0.000 175
Com_ 4196_ neg	Cyclo（glycyltryptophylprolylglycylvalylglycyl - hydroxyty-rosyl）	0.100 9	0.001 453
Com_ 4009_ neg	N-（1-benzothiophen-3-ylmethyl）-N'-（cyclopropylm-ethyl）thiourea	0.196 0	0.002 415
Com_ 727_ neg	Allantoin	0.299 8	0.002 699
Com_ 999_ neg	LPI 20 : 4	0.019 2	0.003 094
Com_ 1385_ neg	FAHFA（18 : 2/3 : 0）	0.305 9	0.003 642
Com_ 2268_ neg	LPS 20 : 4	0.074 5	0.006 385
Com_ 1700_ neg	Dl-Indole-3-lactic acid	0.262 9	0.007 504
Com_ 1585_ neg	Lysopa 16 : 0	0.260 7	0.009 850
Com_ 4980_ neg	8, 15-Dihete	0.152 1	0.011 516
Com_ 597_ neg	4-amino-2-（4-chlorophenyl）-6-（methylthio）pyrim-idine-5-carbonitrile	0.236 2	0.014 440
Com_ 4060_ neg	Indole-3-acrylic acid	0.282 8	0.017 126
Com_ 6263_ neg	Hydrocortisone 21-acetate	0.248 1	0.023 994
Com_ 5822_ neg	N1-［4-（cyanomethyl）phenyl］-4-chlorobenzamide	0.172 6	0.032 022
Com_ 1049_ neg	LPI 18 : 4	0.014 6	0.033 356
Com_ 1797_ neg	LPI 20 : 3	0.027 7	0.033 642
Com_ 3177_ neg	Fludrocortisone acetate	0.083 2	0.036 584

　　为直观显示差异代谢物的整体分布情况，我们绘制了差异代谢物火山图（图7-8），横坐标表示代谢物在不同分组中的表达倍数变化（$\log_2$fold change），纵坐标表示差异显著性水平（$-\log_{10}P$-value），火山图中每个点代表一个代谢物，显著上调的代谢物用红色点表示，显著下调的代谢物用绿色点表

示，圆点的大小代表 VIP 值。A 代表正离子模式下的火山图，B 代表负离子模式下的火山图。

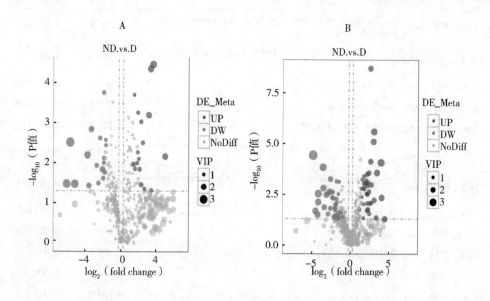

图 7-8　差异代谢物火山

四、差异代谢物聚类分析

我们对获得的滞育组与非滞育组差异代谢物进行层次聚类分析，得出同一比较对两组之间和组内代谢表达模式的差异情况，通过将代谢模式相同或者相近的代谢物聚成类，来推测某些代谢物的功能。A 代表正离子模式下的差异代谢物聚类热图，B 代表负离子模式下的差异代谢物聚类热图（图 7-9）。

1. 差异代谢物相关性分析

在代谢物相关性分析中，当两个代谢物的线性关系增强时，正相关时趋于 1，负相关时趋于 -1。同时对代谢物相关性分析进行显著性统计检验，选用显著性水平 $P<0.05$ 为显著相关的阈值。A 代表正离子模式下的差异代谢物相关性图，B 代表负离子模式下的差异代谢物相关性图（图 7-10）。

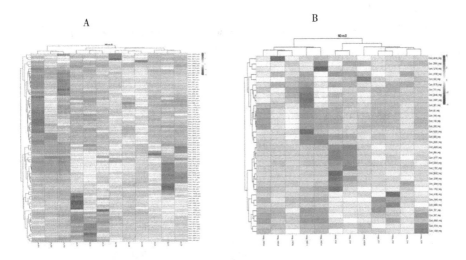

注：纵向是样品的聚类，横向是代谢物的聚类，聚类枝越短代表相似性越高。通过横向比较可以看出组间代谢物含量聚类情况的关系。

图7-9　差异代谢物聚类

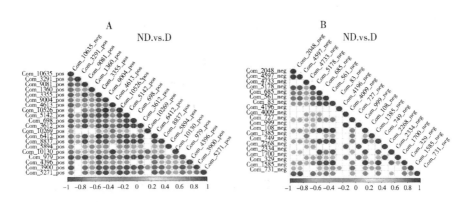

注：相关性最高为1，为完全的正相关（红色），相关性最低为-1，为完全的负相关（蓝色），没有颜色的部分表示 $P>0.05$，图中展示的是按 P 值从小到大排序的 Top20 的差异代谢物的相关性。

图7-10　差异代谢物相关性

2. Z-score 分析

A 代表正离子模式下的差异代谢物 Z-score 图，B 代表负离子模式下的差异代谢物 Z-score 图（图 7-11）。

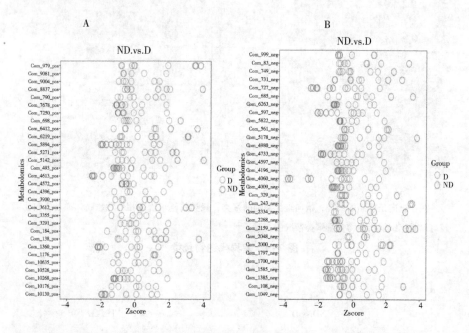

注：横坐标为 Z-score 值，纵坐标差异代谢物，每个圆圈代表一个样本，图中只展示了 Top 30（按 P 值从小到大排序）的代谢物 Z-score 值。Z-score 超出 4 或 -4 的样本无法展示。

图 7-11　Z-score

五、KEGG 富集分析

对差异代谢物进行 KEGG 富集分析，共有 10 种差异代谢物被 KEGG 注释，代谢物共富集到 22 条通路，除富集到与人类疾病相关的通路外，代谢物主要富集在氨基酸代谢、核苷酸代谢、脂代谢、糖代谢等通路。差异代谢物 KEGG 富集结果见表 7-4。在滞育过程中，氨基酸代谢通路中包含的代谢物有苯丙氨酸、乙酰组胺、胍丁胺、黄尿酸，其中苯丙氨酸、胍丁胺、黄尿酸表现为含量增加，乙酰组胺含量减少；核苷酸代谢通路中包含的主要代谢物有尿囊酸、黄嘌呤核苷、

5′-磷酸尿苷，其中尿囊酸和黄嘌呤核苷含量增加，5′-磷酸尿苷含量减少；脂代谢通路中包含的代谢物有雌二醇，胆碱磷酸，其中雌二醇表现为含量上升，胆碱磷酸含量下降；糖代谢通路包含的代谢物有水苏糖，表现为含量减少。

六、KEGG 富集气泡图

A 代表正离子模式下的差异代谢物 KEGG 富集气泡图，B 代表负离子模式下的差异代谢物 KEGG 富集气泡图（图 7-12）。

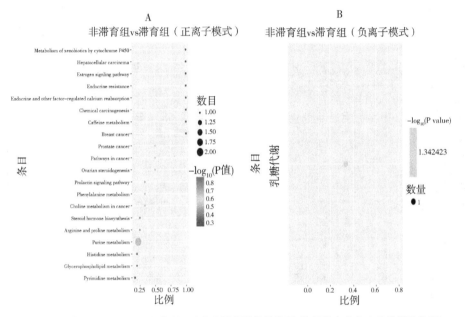

注：图中横坐标为 x/y（相应代谢通路中差异代谢物的数目/该通路中鉴定出总代谢物数目），值越大，表示该通路中差异代谢物富集程度越高。点的颜色代表超几何检验的 P 值，值越小，说明检验的可靠性越大、越具统计学意义。点的大小代表相应通路中差异代谢物的数目，越大，该通路内差异代谢物就越多。

图 7-12　KEGG 富集气泡

表 7-4 差异代谢物 KEGG 富集结果

富集的 KEGG 通路 ID	富集的 KEGG 通路名称	与该通路相关的差异代谢物的数目	KEGG 注释的差异代谢物数目	富集指向 t	富集到的代谢物
map00232	咖啡因代谢	1	10	over	黄嘌呤核苷 Com_ 6341_ pos
map00980	细胞色素 P450 对外源物质代谢的影响 P450	1	10	over	黄曲霉毒素 B1 Com_ 4572_ pos
map01522	内分泌抗性	1	10	over	雌二醇 Com_ 10130_ pos
map04915	雌激素信号通路	1	10	over	雌二醇 Com_ 10130_ pos
map04961	内分泌和其他因素调节的钙再吸收	1	10	over	雌二醇 Com_ 10130_ pos
map05204	化学致癌	1	10	over	黄曲霉毒素 B1 Com_ 4572_ pos
map05224	乳癌	1	10	over	雌二醇 Com_ 10130_ pos
map05225	肝细胞癌	1	10	over	黄曲霉毒素 B1 Com_ 4572_ pos
map04913	卵巢类固醇生成	1	10	over	雌二醇 Com_ 10130_ pos
map05200	癌症相关通路	1	10	over	雌二醇 Com_ 10130_ pos
map05215	前列腺癌	1	10	over	雌二醇 Com_ 10130_ pos
map00230	嘌呤代谢	2	10	over	尿囊酸 Com_ 493_ pos; 黄嘌呤核苷 Com_ 6341_ pos
map00360	苯丙氨酸代谢	1	10	over	N-乙酰-d-苯丙氨酸 Com_ 5894_ pos
map04917	催乳素信号通路	1	10	over	雌二醇 Com_ 10130_ pos
map05231	胆碱能代谢在癌症中的作用	1	10	over	胆碱磷酸 Com_ 184_ pos

（续表）

富集的 KEGG 通路 ID	富集的 KEGG 通路名称	与该通路相关的差异代谢物的数目	KEGG 注释的差异代谢物数目	富集指向 t	富集到的代谢物
map00140	类固醇激素生物合成	1	10	over	雌二醇 Com_ 10130_ pos
map00330	精氨酸与脯氨酸代谢	1	10	over	胍丁胺 Com_ 489_ pos
map00340	组氨酸代谢	1	10	over	N-乙酰组胺 Com_ 6412_ pos
map00564	甘油酯代谢	1	10	over	胆碱磷酸 Com_ 184_ pos
map00240	嘧啶代谢作用	1	10	over	5'-磷酸尿苷 Com_ 1176_ pos
map00380	色氨酸代谢	1	10	over	(4, 8-二羟喹啉-2-羧酸) 黄尿酸 Com_ 765_ pos
map00052	半乳糖代谢	1	1	over	水苏（四）糖 Com_ 329_ neg

第四节　差异代谢物差异分析

　　脂类代谢物在差异代谢物中占比较大，主要包括溶血磷脂类、甘油磷脂类和羟脂肪酸支链脂肪酸酯。在滞育组中共有 9 种代谢物显著上调，18 种代谢物显著下调。磷脂常与蛋白质、糖脂、胆固醇等其他分子共同构成脂双分子层，即细胞膜的结构。生物膜的许多特性，如作为膜内外物质的通透性屏障、膜内外物质的交换、信息传递、神经脉冲的传导等都与磷脂和其他膜脂有关。

　　对有些昆虫进行冷处理或滞育，膜重建是非常普遍的。通过提高磷脂中不饱和脂肪酸的占比以及将脂肪酸链的长度缩短，从而对膜的组成进行调整，是许多昆虫在低温环境中保持膜流动性稳定的方式。溶血磷脂是将磷脂的一条脂肪酸链通过磷脂酶的水解作用去除而产生的，具有的极性比磷脂更强，在水环境下能够产生更小的微粒。尽管溶血磷脂在细胞膜总脂质中只占一小部分，但所起的作用不可忽视。当常规的细胞膜在动态平衡的状态下与过量的溶血磷脂接触，这些外源的脂类物质与磷脂双分子层整合到一起，膜的酰基链有序参数就会降低，而膜的流动性也会因此增加，因此渗透性更高。昆虫血液循环的主要搏动器官是背血管，溶血磷脂还能够嵌入膜的胆固醇中，通过液化，膜的流动性会增强，血管粥样硬化的发生概率也会降低。在对茶足柄瘤蚜茧蜂代谢组学进行研究发现，一些溶血磷脂在滞育蛹中显著上调，如 LPA、LPI、LPS 等。LPA 是迄今发现的一种体积最小、结构最简单的磷脂，主要通过溶血磷脂酰胆碱（LPC）产生，是磷脂代谢的一种产物，越来越多的研究表明 LPA 不仅是生物膜的组成成分，还可作为一种细胞间的磷脂信使，通过激活 G 蛋白偶联受体来启动不同的信号通路。对细胞的生长、增殖、分化及细胞内信息传递产生多种影响，在维持机体正常的生理功能，参与各种病理过程的发生发展均有着重要的作用。由此可知，这些溶血磷脂在茶足柄瘤蚜茧蜂滞育过程中含量的增加，可能能够增加生物膜的流动性，提高虫体的抗逆能力，保证内环境的稳定性。背血管功能的正常发挥是保持昆虫在低温环境中血液循环正常进行前提条件，滞育蛹中溶血磷脂酸含量的增加，会降低血管粥样硬化的发生概率，更大程度上保证在逆境条件下茶足柄瘤蚜茧蜂循环过程的稳定进行。

大肠杆菌有很强的抵御低温的能力，其耐寒性主要与 PC 以及 PE 的积累密不可分。对家蚕不同储藏温度与 PC、PE 含量关系的研究中发现，在 5℃下保存的滞育蚕卵，PC、PE 的含量明显高于 25℃条件下的含量。磷脂的含量越高，休眠也越易解除。在 25℃条件下保存的滞育卵，在产卵后 120d 尚未见孵化，而在 5℃保存 40d 后，蚕卵便开始解除滞育。但在茶足柄瘤蚜茧蜂滞育组中，代谢组学检测到的 PC 与 PE 呈显著下调，说明低温并没有使其体内的 PC、PE 的含量升高，PC、PE 起到的作用并不是增强虫体的抗寒性。根据前人研究，低温会使磷脂含量增加，而磷脂含量的升高，休眠会更易解除。滞育的茶足柄瘤蚜茧蜂蛹中，PC、PE 含量降低，那么我们大胆推测，其滞育解除更加困难，因此 PC、PE 可能与滞育的维持有关，但具体这两种磷脂在茶足柄瘤蚜茧蜂滞育蛹中起到怎样的作用，还需要继续研究。

在 KEGG 富集结果中，氨基酸代谢通路中包含的代谢物变化较明显，其中苯丙氨酸、胍丁胺、黄尿酸在滞育组中显著上调，表现为含量增加，乙酰组胺显著下调，表现为含量减少。苯丙氨酸属芳香族氨基酸。在体内大部分经苯丙氨酸羟化酶催化作用氧化成酪氨酸，并与酪氨酸一起合成重要的神经递质和激素，参与机体糖代谢和脂肪代谢。有研究表示，意大利蝗在滞育期间也出现苯丙氨酸积累的现象，但具体与滞育有什么关系尚不明确。黑色素前体氨基酸指的就是苯丙氨酸，通过苯丙氨酸羟化酶，苯丙氨酸先转化为酪氨酸，然后经过多个反应过程转化为黑色素。茶足柄瘤蚜茧蜂蛹在滞育后体色呈棕黄色，而正常发育蛹体色呈亮黄色，滞育蛹明显较正常发育蛹体色深，说明滞育过程中一定有黑色素的沉淀，在滞育蛹中苯丙氨酸上调，因此我们推测，苯丙氨酸在茶足柄瘤蚜茧蜂滞育过程中与体内黑色素的积累有关。

胍丁胺（AGM）是精氨酸经细胞线粒体膜上的精氨酸脱羧酶（ADC）作用转化而来的。作为一种新型的神经递质，有多种生物学功能，如影响激素和递质的释放、促进淋巴细胞和胸腺细胞的增殖等。有研究证明，胍丁胺还有降低能量代谢的作用，低剂量注射胍丁胺能降低试验应激引发的大鼠体温的升高，而这一现象的出现可能与其能使能量代谢降低有关。茶足柄瘤蚜茧蜂在滞育过程中，整体代谢呈低水平状态，当然包括能量代谢。在滞育过程中，胍丁胺呈显著上调，因此我们推测，胍丁胺含量的增加，能够降低茶足柄瘤蚜茧蜂在滞育过程中的能量代谢，具体可能是通过影响一些递质的释放来控制能量代谢的作用过程。

黄尿酸即 4，8-二羟喹啉-2-羧酸，是色氨酸代谢的最终产物之一。尿素是氨基酸的最终产物，尿素的积累有抵御低温的作用，那么我们是否可以猜测，黄尿酸在茶足柄瘤蚜茧蜂蛹滞育过程的积累也有助于提高虫体的耐寒性？但其具体在滞育蛹中发挥的作用尚不清楚。我们还发现，当维生素 B_6 含量降低时，会导致犬尿氨酸羟化酶、犬尿氨酸氨基转移酶等酶的活性下降，黄尿酸含量就会增多。因此，在滞育条件下黄尿酸的增加可能是维生素 B_6 降低引起的。维生素 B_6 作为多种酶的辅酶，与营养物质的代谢有密切关系。作为转氨酶和脱羧酶的辅酶，在氨基酸代谢过程中参与氨基酸的转氨、脱羧等作用；维生素 B_6 还是糖原磷酸化酶的辅酶，为糖异生途径提供碳架，维持血糖浓度，在碳水化合物代谢过程中发挥作用；在脂肪酸代谢和 mRNA 的合成过程中，维生素 B_6 也起到一定作用；通过影响多巴胺等神经物质的合成，维生素 B_6 还可以对神经系统的发育和功能产生影响。维生素 B_6 参与糖代谢、氨基酸代谢以及脂肪酸代谢，这些代谢速率的减慢，与维生素 B_6 含量的降低有一定的关系，而维生素 B_6 含量的降低，又引起黄尿酸含量的增加，在茶足柄瘤蚜茧蜂滞育过程中形成一个循环，共同维持蛹在不利环境中的生存。

组胺是由组氨酸在脱羧酶的作用下产生的，有强烈的舒血管作用。昆虫的背血管由心脏和动脉两部分组成，是推动血液循环最主要的器官。在茶足柄瘤蚜茧蜂滞育期间，乙酰组胺下调表达，导致血管收缩，血流量减少，散热减少。昆虫在滞育期间处于不进食状态，仅依赖前期虫体自身的能量物质储存维持基本的生命活动，因此减少不必要的能量损耗是滞育条件下昆虫正常生长的先决条件。乙酰组胺含量的下降，是茶足柄瘤蚜茧蜂响应耐寒机制的体现。

在茶足柄瘤蚜茧蜂滞育蛹代谢物中，羟脂肪酸支链脂肪酸酯（FAHFA）既有下调又有上调，其在滞育过程中起到的作用尚不明确。但有研究发现，羟脂肪酸支链脂肪酸酯是发现较晚的新型脂类代谢物，其功能还不是很清楚。但是在脂肪组织选择性过表达葡萄糖转运载体 4 转基因小鼠中发现，羟脂肪酸支链脂肪酸酯比正常小鼠脂肪组织中高16倍，这提示FAHFA可能在胰岛素-葡萄糖稳态调节中发挥重要作用。或许在滞育蛹中FAHFA也以信号分子来参与代谢稳态的调节。

在KEGG中富集到的差异代谢物中，雌二醇在滞育过程中显著上调。雌二醇也称"动情素""求偶素"。因为它有很强的性激素作用，所以认为它或它的酯实际上是卵巢分泌的最重要的性激素。在茶足柄瘤蚜茧蜂滞育过程中雌二醇起到的具体作用我们不是很清楚，但其含量增加，我们可以通过生物技术手段对其进行提取分离，用于性诱剂的开发，人类疾病的治疗，对于生物防治的发展具有重要意义。

水苏糖是天然存在的一种四糖，是一种可以显著促进双歧杆菌等有益菌增殖的功能性低聚糖，能迅速改善消化道内环境。有益于增加肠道的消化功能，在滞育的茶足柄瘤蚜茧蜂蛹中，水苏糖下调表达，含量降低，限制其消化功能的发挥。在滞育条件下，昆虫处于不进食状态，其消化水平必然降低，这与水苏糖在滞育蛹体内的含量变化相符。此外，水苏糖还可作为免疫促进剂，具有调节免疫功能的作用。在试验室饲喂茶足柄瘤蚜茧蜂成虫时，我们使用的是20%的蜂蜜水，是否可以在蜂蜜水中加入一定量的水苏糖，以此来达到提高茶足柄瘤蚜茧蜂免疫力与消化能力的目的，增强其生命活力，有利于更广泛地应用茶足柄瘤蚜茧蜂来进行生物防治。

第八章　转录组学、蛋白组学与代谢组学联合分析

本研究对茶足柄瘤蚜茧蜂滞育蛹与非滞育蛹进行了转录组学、蛋白质组学、代谢组学分析，综合三个组学数据对滞育从转录、蛋白和代谢水平进行阐释，从而更全面更系统地对滞育进行了解。发现并分析了一些在茶足柄瘤蚜茧蜂滞育过程中起重要作用的基因、蛋白、标志代谢物以及它们发挥作用的通路。

第一节　转录组学主要结果

非滞育组（ND）与滞育组（D）相比，共筛选出上调差异表达基因 19 201 个，下调差异表达基因 19 141 个；GO 注释到 25 666 个差异基因，这些基因主要集中于代谢过程，包括脂代谢、氨基酸代谢等，还有信号转导、结合功能、催化活性；KEGG pathway 数据库富集到的差异基因有 7 944 个，共映射到 228 个通路，这些基因主要集中在碳水化合物代谢、脂质代谢、信号转导等途径中。根据筛选出的基因，我们主要得出以下结论：磷酸果糖激酶基因和磷酸甘油酸激酶基因在滞育过程中上调表达，推测茶足柄瘤蚜茧蜂在滞育过程中依赖糖酵解途径转换能量；甘油醛-3-磷酸脱氢酶基因和醛缩酶基因，磷酸烯醇式丙酮酸羧激酶在滞育过程中下调表达，我们猜测在茶足柄瘤蚜茧蜂在滞育过程中糖异生途径处于被抑制状态；海藻糖酶基因下调表达，海藻糖合酶基因上调表达，导致海藻糖积累，糖原合酶基因上调，糖原积累，与脂肪一样作为作为储备能源物质，参与能量代谢，海藻糖作为保护剂与糖原相互转化，参与滞育调节；参与柠檬酸循环的限速

酶基因-异柠檬酸基因下调表达，在滞育过程中维持低能量代谢；苹果酸脱氢酶基因上调表达，与 NAD 的合成与利用有关，也可能是应对滞育环境条件的一种应激方式；编码 40S 核糖体蛋白 S11 的基因在滞育过程中上调表达，表明滞育过程中耗氧水平较低；细胞色素氧化酶亚基 6C 基因上调表达，我们推测在滞育过程中主要通过氧化磷酸化来提供能量；脂肪酸合酶基因上调表达，脂肪酸合酶在滞育开始阶段对脂肪进行储存，以提高抗逆能力。超长链脂肪酸延伸酶基因和 β-酮脂酰-ACP 还原酶基因的上调表达，茶足柄瘤蚜茧蜂在滞育过程中生殖力和生存力并不会受到抑制，并能够促进不饱和脂肪酸的合成，提高昆虫体壁的保水性和抗逆性；细胞色素 P450 酶系中，*CYP3A* 基因上调表达，对滞育与脂肪酸代谢有促进作用；尿苷二磷酸糖基转移酶基因表达量增加，与信号转导、受体识别有关；甘油激酶基因上调表达，主要作为抗冻保护物质来增强耐寒性；*Sos* 基因对 MAPK 信号通路的影响主要是影响 ERK 的活性；ERK 通过参与昆虫在低温条件下的代谢，控制山梨醇、甘油等醇类物质的合成；*Rac1* 基因下调表达，细胞增殖受到抑制；与胰岛素信号通路相关的基因还参与脂肪积累及能量积累。

第二节 蛋白组学主要结果

在蛋白组学研究中，共鉴定到 135 个差异蛋白，其中包含 38 个上调蛋白，97 个下调蛋白，主要与糖代谢、脂代谢、蛋白质代谢等代谢过程及氨基酸转运、能量产生与转化，各种代谢酶等有关。GO 注释到的差异蛋白数为 90 个，富集到 154 条 term，共有 44 个 GO 条目显著富集，主要参与了有机物代谢，高分子代谢，蛋白质代谢等。与天冬氨酸转运、L-谷氨酸转运、胆碱脱氢酶活性、胆碱生物合成甘氨酸甜菜碱等条目相关的蛋白质在滞育阶段显著上调表达。KEGG 注释到 64 个差异蛋白，共富集到 97 条 KEGG pathway，核糖体、氧化磷酸化和逆行内源性大麻素信号 3 条途径显著富集。在茶足柄瘤蚜茧蜂蛹滞育期间，15 个富集到核糖体通路中的差异蛋白，这些蛋白主要包括 40S 核糖体蛋白中的 S10、S12、S18、S21、S28、SA 和 60S 核糖体蛋白中的 L13、L22、L23、L24、L28、L35、L38，有 14 个蛋白下调表达，结合 GO 富集结果，共 14 个差异蛋白富集到翻译条目中，其中 13 个蛋白下调表达，表明在滞育期间茶足柄瘤蚜茧蜂蛋白合成受到抑制。有 10 个与能量产生及转化有关的蛋白过表达。在本研究中发现的与茶足柄瘤蚜茧蜂滞育相关的蛋白质主要涉及烟酰胺腺嘌呤二核苷酸（NADH）脱氢酶亚基（复合物）、细胞色素 bc_1 复合物亚基、ATP 合酶 ε 亚基、谷氨酸脱氢酶（GDH）等。NADH 脱氢酶、细胞色素 bc_1 复合物、ATP 合酶对茶足柄瘤蚜茧蜂的逆境生存和能量缓冲有积极作用。在所有差异蛋白中，未发现与底物水平磷酸化有关的蛋白，因此推测滞育过程中起主要供能作用的反映是氧化磷酸化。共 23 个差异蛋白富集到代谢通路，主要包括多糖的生物合成和代谢，脂代谢，萜类化合物和聚酮的代谢以及外源生物降解与代谢。与天冬氨酸转运、L-谷氨酸转运条目相关的蛋白在滞育过程中上调表达，而天冬氨酸和谷氨酸是尿素形成的关键，茶足柄瘤蚜茧蜂滞育蛹也利用尿素来提高其耐寒性。胆碱脱氢酶活性、胆碱生物合成甘氨酸甜菜碱条目相关蛋白在 GO 富集结果中显著上调，胆碱脱氢酶可催化底物合成甘氨酸甜菜碱，因此甘氨酸甜菜碱的含量在滞育的茶足柄瘤蚜茧蜂蛹中必然增加。

第三节　代谢组学主要结果

在滞育条件下，茶足柄瘤蚜茧蜂受到水分胁迫，甜菜碱作为有机渗透剂可维持细胞渗透压，同时甜菜碱对酶有保护作用，不仅可以抵御冰冻胁迫，对有氧呼吸和能量代谢过程也有良好的保护作用。在正离子模式下，总共鉴定到的化合物有 613 种，其中差异显著的代谢物有 81 种，包括 39 种显著上调的代谢物和 42 种显著下调的代谢物；在负离子模式下，鉴定到的化合物总数为 419，差异显著的代谢物有 34 种，显著上调与显著下调的代谢物都是 17 种。非滞育组与滞育组相比，脂类代谢物在差异代谢物中占比较大，其中上调脂类代谢物 18 种，下调 9 种，包含溶血磷脂类、甘油磷脂类、羟脂肪酸支链脂肪酸酯。磷脂酰胆碱 PC（17：1/17：1），4.88 倍，PC（18：0e/18：2），4.94 倍；磷脂酰乙醇胺 PE（18：0/18：2），3.05 倍；以及一些溶血磷脂酰胆碱 LPC，溶血磷脂酰乙醇胺 LPE 在滞育组中显著下调；溶血磷脂酸 LPA（16：0），0.26 倍，溶血磷脂酰丝氨酸 LPS（20：4），0.075 倍，溶血磷脂酰肌醇 LPI 在滞育组显著上调。这些溶血磷脂在茶足柄瘤蚜茧蜂滞育过程中含量的增加，可能能够增加生物膜的流动性，提高虫体的抗逆能力，保证内环境的稳定性。背血管功能的正常发挥是保持昆虫在低温环境中血液循环正常进行前提条件，滞育蛹中溶血磷脂酸含量的增加，会降低血管粥样硬化的发生概率，更大程度上保证在逆境条件下茶足柄瘤蚜茧蜂循环过程的稳定进行。

　　滞育的茶足柄瘤蚜茧蜂蛹中，PC、PE 含量降低，我们大胆推测，其滞育解除更加困难，因此 PC、PE 可能与滞育的维持有关。对差异代谢物进行 KEGG 富集分析，共有 10 种差异代谢物被 KEGG 注释，代谢物共富集到 22 条通路，除富集到与人类疾病相关的通路外，代谢物主要富集在氨基酸代谢、核苷酸代谢、脂代谢、糖代谢等通路。在滞育过程中，氨基酸代谢通路中包含的代谢物有苯丙氨酸、乙酰组胺、胍丁胺、黄尿酸，其中苯丙氨酸、胍丁胺、黄尿酸表现为含量增加，乙酰组胺含量减少；核苷酸代谢通路中包含的主要代谢物有尿囊酸、黄嘌呤核苷、5′-磷酸尿苷，其中尿囊酸和黄嘌呤核苷含量增加，5′-磷酸尿苷含量减少；脂代谢通路中包含的代谢物有雌二醇、胆碱磷酸，其中雌二醇表现为含量上升，胆碱磷酸含量下降；糖代谢通路包含的代谢物有水苏糖，表现为含量减少。在滞育蛹中苯丙氨酸上调，我们推测，苯丙氨酸在茶足柄瘤蚜茧蜂滞育过程中与体内黑色素的积累有关；在滞育过程中，胍丁胺呈显著上调，含量增加，能够降低茶足柄瘤蚜茧蜂在滞育过程中的能量代谢，具体可能是通过影响一些递质的释放来控制能量代谢的作用过程；在滞育条件下黄尿酸的增加可能是维生素 B_6 降低引起的，黄尿酸在茶足柄瘤蚜茧蜂蛹滞育过程的积累也有助于提高虫体的耐寒性；乙酰组胺含量的下降，是茶足柄瘤蚜茧蜂响应耐寒机制的体现；在滞育蛹中FAHFA 也以信号分子来参与代谢稳态的调节；在茶足柄瘤蚜茧蜂滞育过程中雌二醇起到的具体作用不是很清楚，但其含量增加，我们可以通过生物技术手段对其进行提取分离，用于性诱剂的开发，人类疾病的治疗，对于生物防治的发展具有重要意义；在滞育的茶足柄瘤蚜茧蜂蛹中，水苏糖下调表达，含量降低，限制其消化功能的发挥。在试验室饲喂茶足柄瘤蚜茧蜂成虫时，使用的是 20% 的蜂蜜水，是否可以在蜂蜜水中加入一定量的水苏糖，以此来达到提高茶足柄瘤蚜茧蜂免疫力与消化能力的目的，增强其生命活力，利于大规模扩繁，便于更广泛地应用茶足柄瘤蚜茧蜂来进行生物防治。

第四节　关联分析结果

一、差异基因与差异代谢物表达相关性分析

将转录组分析得到显著差异的基因与代谢组学分析得到的显著差异的代谢物基于皮尔森相关系数进行相关性分析，以度量差异基因与差异代谢物之间的关联程度。当相关系数小于 0 时，称为负相关；大于 0 时，称正相关。图 8-1 中展示 Top 50 的差异代谢物（按 P 值从小到大排序）和 Top 100 的差异基因（按 P 值从小到大排序）。纵向代表差异基因聚类，横向代表差异代谢物聚类。聚类枝越短代表相似性越高，蓝色表示负相关，红色表示正相关。相关性分析结果如下。

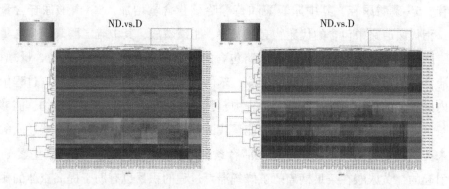

（左图框是正离子模式，右图框是负离子模式）

图 8-1　差异代谢物与差异基因表达相关性分析热图

二、差异基因与差异代谢物 pathway 分析

将得到的所有差异基因与差异代谢物同时向 KEGG pathway 数据库影射，获得它们的共同的 pathway 信息，确定差异代谢物和差异基因共同参与的主要生化途径和信号转导途径，结果如图 8-2 所示。图 8-2 中横坐标为该通路中富

集到的差异代谢物或差异基因与该通路中注释到的代谢物或基因个数的比值，比值越大，说明差异代谢物（差异基因）在此通路中富集程度越高。纵坐标为代谢组-转录组共同富集到的 KEGG 通路。Count：通路中富集的代谢物或基因的个数。P 值的大小由圆点或三角图形的颜色所表示，其大小与检验的可靠性相关，P 值越大反而代表越不可靠。在正离子模式下，差异代谢物与差异基因共同富集到的通路共 17 条，主要有色氨酸代谢、嘧啶代谢、组氨酸代谢、精氨酸和脯氨酸代谢、类固醇激素生物合成、苯丙氨酸代谢、嘌呤代谢等。在负离子模式下，差异代谢物与差异基因共同富集到的通路只有一条半乳糖代谢通路。

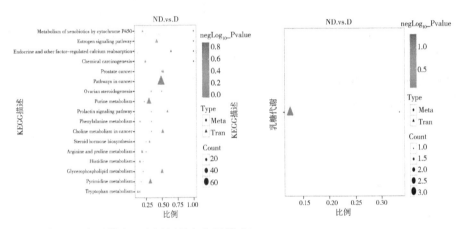

（左图框是正离子模式，右图框是负离子模式）

图 8-2　差异基因与差异代谢物 KEGG 通路关联分析

　　茶足柄瘤蚜茧蜂转录组学结果得出，差异基因主要富集在脂代谢、氨基酸代谢、碳水化合物代谢等途径；代谢组检测结果发现，差异代谢物主要富集在氨基酸代谢、核苷酸代谢、脂代谢、糖代谢等通路。对茶足柄瘤蚜茧蜂的差异基因与差异代谢物进行转录组学与代谢组学联合分析，结果发现正离子模式下主要富集通路为氨基酸代谢，包括色氨酸代谢、组氨酸代谢、精氨酸和脯氨酸代谢、苯丙氨酸代谢，脂代谢包括类固醇激素生物合成，核苷酸代谢包括嘌呤代谢和嘧啶代谢。在负离子模式下，差异代谢物与差异基因共同富集到的通路只有一条半乳糖代谢通路。由此我们得知转录组与在代谢组在氨基酸代谢、脂代谢、糖代谢等代谢途径中关联程度较高。

生物膜功能与脂类代谢物关系密切，如磷脂和膜脂能够协助传导神经脉冲，参与构成物质交换的屏障等。生物膜在低温环境中能够保持膜的流动性也与不饱和脂肪酸的含量密切相关。氨基酸代谢产物-苯丙氨酸在茶足柄瘤蚜茧蜂滞育过程中与体内黑色素的积累有关，胍丁胺含量的增加，能够降低茶足柄瘤蚜茧蜂在滞育过程中的能量代谢，具体可能是通过影响一些递质的释放来控制能量代谢的作用过程。还有一些氨基酸代谢产物，如乙酰组胺、黄尿酸等含量的变化，是茶足柄瘤蚜茧蜂响应耐寒机制的表现。

在茶足柄瘤蚜茧蜂滞育过程中，一些代谢过程变化较大，这些反应可能是引起滞育的原因，也可能是维持滞育的条件。差异基因和差异代谢物在这些途径中时，才有其特定的作用与意义。本章我们主要对差异基因及差异代谢物富集的途径进行了说明，并没有涉及具体的基因或代谢物，基因和代谢物的具体功能还需要进一步的试验验证。

第九章 苜蓿蚜绿色防控技术相关专利

第一节 苜蓿蚜绿色防控技术发明专利

一、一种调控茶足柄瘤蚜茧蜂滞育的方法

1. 技术领域及背景技术

本发明属于生物技术领域，具体涉及一种调控茶足柄瘤蚜茧蜂滞育的方法。苜蓿蚜是一种世界性分布的暴发性的农业害虫，该虫可为害 400 余种植物，世代重叠严重，近年来在我国多种豆科作物上为害猖獗，一年发生 20 多世代，随着苜蓿蚜的为害逐年增多，加至化学农药的大量频繁使用，使得苜蓿蚜的抗药性逐年增强，无法得到有效控制。因此，在生产和应用上迫切需要改进苜蓿蚜的防控技术。利用寄生蜂等害虫天敌对害虫进行防控是一种重要的害虫生物防治手段。茶足柄瘤蚜茧蜂是苜蓿蚜重要的寄生性天敌，该蜂将卵产在苜蓿蚜体内，蜂卵孵化后，茶足柄瘤蚜茧蜂幼虫在苜蓿蚜体内吸取营养，使寄主不能完成正常生命活动并最终死亡，从而达到防控苜蓿蚜的目的。

目前，通过人工繁殖茶足柄瘤蚜茧蜂并释放到田间来控制苜蓿蚜，是改变当前以化学农药防治为主的治理方式的重要措施之一。茶足柄瘤蚜茧蜂人工繁殖过程中，蜂种保存一直依靠周年继代繁殖来实现。每代历期约 1 个月，僵蚜低温贮存期一般在 1 个月以内，超过一个月则僵蚜羽化率和成蜂产卵量大幅降低，因此必须有专人常年坚持继代饲养，而且随着饲养代数的增多会导致蜂种退化，无法

继续扩繁，繁殖成本高。在实际生产应用中，蜂源不能长期贮存及不能适时释放，成为制约茶足柄瘤蚜茧蜂大规模扩繁及应用的技术瓶颈。

本发明公开了一种调控茶足柄瘤蚜茧蜂滞育的方法，该方法包括滞育诱导、滞育储存：滞育诱导是将茶足柄瘤蚜茧蜂高龄幼虫（3~4龄）置于温度8~10℃、光周期 L：D=8h：16h 的条件下进行诱导，待寄主苜蓿蚜形成僵蚜后即得到茶足柄瘤蚜茧蜂滞育蛹，由该方法诱导的茶足柄瘤蚜茧蜂滞育率可达70%以上；滞育贮存是将所得到的进入滞育状态的茶足柄瘤蚜茧蜂僵蚜，转移至温度4℃、黑暗条件下贮存，保存90d，羽化率、羽化后的成蜂在寿命和寄生性上与非滞育僵蚜无显著性差异。本发明的方法能有效延长茶足柄瘤蚜茧蜂保存周期3倍以上，实现了对茶足柄瘤蚜茧蜂发育进度的调控。

2. 发明内容

（1）本发明的第一个目的是提供一种调控茶足柄瘤蚜茧蜂滞育的方法。

本发明提供的调控茶足柄瘤蚜茧蜂滞育的方法包括如下步骤。

将待进行滞育诱导的茶足柄瘤蚜茧蜂置于温度8~10℃、光周期 L：D=8h：16h 的条件下进行诱导，使所述茶足柄瘤蚜茧蜂进入滞育态。

将步骤①得到的进入滞育态的所述茶足柄瘤蚜茧蜂转入温度4℃、黑暗的条件下贮存。

贮存结束后，将所述茶足柄瘤蚜茧蜂转入温度为（25±1）℃、相对湿度为（70±10）%、光周期 L：D=14h：10h 条件下恢复发育，使所述茶足柄瘤蚜茧蜂由滞育态转变为正常的发育状态。

（2）本发明的第二个目的是提供一种茶足柄瘤蚜茧蜂滞育诱导及贮存方法。

本发明提供的一种茶足柄瘤蚜茧蜂滞育诱导及贮存方法包括如下步骤。

将待进行滞育诱导的茶足柄瘤蚜茧蜂置于温度8~10℃、光周期 L：D=8h：16h 的条件下进行诱导，使所述茶足柄瘤蚜茧蜂进入滞育态。

将步骤①得到的进入滞育态的所述茶足柄瘤蚜茧蜂转入温度4℃、黑暗的条件下贮存。

（3）本发明的第三个目的是提供一种茶足柄瘤蚜茧蜂滞育诱导方法。

本发明提供的茶足柄瘤蚜茧蜂滞育诱导方法包括如下步骤：将待进行滞育诱

导的茶足柄瘤蚜茧蜂置于温度8~10℃、光周期L∶D=8h∶16h的条件下进行诱导，使所述茶足柄瘤蚜茧蜂进入滞育态。

上述方法中，步骤①中，所述温度为8℃、9℃或10℃；所述条件为光照强度4 000~5 000lx，相对湿度70%~80%。

上述方法中，步骤②中，所述待进行滞育诱导的茶足柄瘤蚜茧蜂为茶足柄瘤蚜茧蜂的卵或幼虫；茶足柄瘤蚜茧蜂感受滞育信号的敏感虫态为3~4龄幼虫，在实际应用中，优选茶足柄瘤蚜茧蜂3~4龄幼虫进行滞育诱导。

上述方法中，步骤①中，所述诱导的时间为30~40d，优选为30d。

上述方法中，步骤②中，所述贮存的时间在120d以内，优选为90d。所述条件为相对湿度为70%~80%。

上述方法中，步骤③中，所述恢复发育的时间可为7d。7d后进入滞育态的茶足柄瘤蚜茧蜂（滞育僵蚜）即可羽化为成虫。所述条件为光照强度4 000~5 000lx、相对湿度70%~80%。

在本发明中，对所述茶足柄瘤蚜茧蜂进行滞育诱导、滞育维持或滞育解除时的寄主为苜蓿蚜，如2龄末至3龄初苜蓿蚜，以蚕豆苗作为苜蓿蚜的寄主植物。

在本发明中，"将待进行滞育诱导的茶足柄瘤蚜茧蜂置于温度8~10℃、光周期L∶D=8h∶16h的条件下进行诱导"为将茶足柄瘤蚜茧蜂高龄幼虫（3~4龄）置于温度8~10℃、光周期L∶D=8h∶16h的条件下进行诱导，待寄主苜蓿蚜形成僵蚜后即得到茶足柄瘤蚜茧蜂滞育蛹，由该方法诱导的茶足柄瘤蚜茧蜂滞育率可达70%以上；将步骤①得到的进入滞育态的所述茶足柄瘤蚜茧蜂转入温度4℃、黑暗的条件下贮存，保存时间可达90~120d；贮存后，可将所述茶足柄瘤蚜茧蜂转入温度为（25±1）℃、相对湿度为（70±10）%、光周期L∶D=14h∶10h条件下恢复发育，滞育态的茶足柄瘤蚜茧蜂7d左右即可羽化为成虫，羽化率和羽化后的成蜂在寿命和寄生性上与非滞育僵蚜无显著性差异，实现茶足柄瘤蚜茧蜂由滞育态转变为正常的发育状态。

本发明对茶足柄瘤蚜茧蜂的滞育诱导、滞育贮藏及滞育解除的条件（光周期、温度和时间等）进行了系统研究，实现了对茶足柄瘤蚜茧蜂发育进度的调控。本发明的技术环节包括：

一是确定茶足柄瘤蚜茧蜂滞育调控敏感虫态。

二是通过温度、光周期环境因子的组合，筛选最佳的滞育诱导条件使茶足柄瘤蚜茧蜂进入滞育状态。

三是筛选适宜的滞育贮存时间，保障滞育态的茶足柄瘤蚜茧蜂长期存活。

四是筛选有效的滞育解除手段，实现茶足柄瘤蚜茧蜂由滞育态转变为正常的发育状态。以滞育状态进行贮存的茶足柄瘤蚜茧蜂，其产品货架期从未滞育的20d延长到了120d，滞育解除后的寄生蜂生命活力如羽化率、寿命等与非滞育茶足柄瘤蚜茧蜂无显著性差异。利用这一技术，将茶足柄瘤蚜茧蜂通过滞育技术进行储存，可实现其周年生产，在苜蓿蚜大量发生的季节及时解除滞育，野外释放，与自然条件下种群相互配合，可以达到防治害虫的目的。为蚜类害虫的生物防治提供了天敌产品，提高了农林害虫的科学治理水平。

3. 具体实施方式

下述实施例中所使用的试验方法如无特殊说明，均为常规方法。

下述实施例中所用的材料、试剂等，如无特殊说明，均可从商业途径得到。

下述实施例中的定量试验，均设置三次重复试验，结果取平均值。

下述实施例所用的供试虫源、试验仪器及材料：

（1）供试虫源。

苜蓿蚜：记载于《茶足柄瘤蚜茧蜂对苜蓿蚜的寄生功能反应》一文中，公众可从中国农业科学院草原研究所获得。苜蓿蚜作为供试寄主，在温室（25℃、L∶D=16h∶8h、相对湿度为80%、光照强度为5 000lx）内用蚕豆苗连续饲养，建立试验种群。本试验采用2龄末至3龄初的苜蓿蚜幼虫作为寄主，以蚕豆苗作为苜蓿蚜的寄主植物。

茶足柄瘤蚜茧蜂：记载于《茶足柄瘤蚜茧蜂扩繁技术的基础性研究》一文中，公众可从中国农业科学院草原研究所获得。来源于中国农业科学院草原所羊柴上的苜蓿蚜僵蚜，经室内饲养获得蜂种，已在室内用苜蓿蚜连续繁殖多代。在温度（25±1）℃、光周期L∶D=14h∶10h的光照培养箱中处理茶足柄瘤蚜茧蜂僵蚜使其羽化，成蜂羽化后用体积分数为10%的蜂蜜水进行饲喂，放入繁蜂箱（40cm×40cm×35cm）内让其自由交配48h后，接入2龄末至3龄初苜蓿蚜供其寄生，寄生24h后的苜蓿蚜用100目尼龙袋笼罩，直至被寄生的苜蓿蚜形成僵蚜，每日收集僵蚜，取羽化24h内的茶足柄瘤蚜茧蜂成蜂供试。

（2）试验仪器及材料。温度和光周期对茶足柄瘤蚜茧蜂滞育诱导的影响试验均在人工气候箱（SPX-300I-G型，上海博讯实业有限公司医疗设备厂）内进行，人工气候箱温度设置误差为±0.1℃，相对湿度设置误差为±5%。苜蓿蚜及茶足柄瘤蚜茧蜂的饲养均在自制养虫装置中进行，试验中所用养虫网罩规格为45cm×45cm×30cm（长×宽×高）。另需平底试管（6cm×1.5cm）、解剖针、脱脂棉、橡皮圈、温湿度计、100目网纱、培养皿等若干。

下述实施例中所使用的试验方法如无特殊说明，均为常规方法。

下述实施例中，光周期 $Lx : Dy$ 表示每天光照时长 x 小时，黑暗时长 y 小时，$x+y=24$。

下述实施例均采用国际通用的小型寄生蜂滞育判断标准，基本原理是基于有效积温法则，当某小型寄生蜂的某虫态在应完成发育历期的2倍时间内仍未完成发育，即认定是进入滞育。本发明中判定茶足柄瘤蚜茧蜂是否进入滞育状态是按照如下方法确定的：若茶足柄瘤蚜茧蜂"蛹"这一虫态的发育历期超过同一温度，其他正常发育个体的发育历期达2倍以上者，即可划为滞育个体。即自僵蚜形成时起，在30d内茶足柄瘤蚜茧蜂未能羽化，则认定茶足柄瘤蚜茧蜂进入滞育状态。为避免解剖僵蚜操作对正常发育幼虫化蛹的影响，本试验待成虫羽化结束后，解剖观察，仍处蛹状态的个体即视为滞育个体。

下述实施例数据分析时，首先将滞育率用反正弦平方根（$\sin^{-1}\sqrt{p}$）进行数据转化，然后利用DPS统计软件进行方差分析，差异显著性检验采用Duncan's新复极差法。滞育率和死亡率的计算公式如下：

$$滞育率(\%) = \frac{滞育数}{滞育数 + 羽化数} \times 100; 死亡率(\%) = \frac{死亡数}{被寄生苜蓿蚜数} \times 100$$

4. 实施例1：茶足柄瘤蚜茧蜂的滞育诱导

（1）茶足柄瘤蚜茧蜂滞育诱导敏感虫态的确定。

①处理虫态。茶足柄瘤蚜茧蜂是完全变态寄生性天敌昆虫，发育过程中共有卵、幼虫、蛹和成虫这四个虫态。由于分龄上的困难，将初羽化的茶足柄瘤蚜茧

蜂于（25±1）℃、相对湿度（80±10）%条件下，待24h后寄主苣荬蚜幼虫被寄生后，寄生卵继续培养发育72h、120h、168h，相当于根据培养发育的时间不同，将虫期分为卵、低龄幼虫期（1~2龄）、高龄幼虫（3~4龄）和蛹4个时期，随机解剖50头寄生苣荬蚜，结合被寄生苣荬蚜的形态特征作为判断茶足柄瘤蚜茧蜂发育龄期的标准。当刚被寄生苣荬蚜的体色稍微变淡时，茶足柄瘤蚜茧蜂正处于卵期发育期；当被寄生苣荬蚜腹部明显膨胀、体色显著变淡时，茶足柄瘤蚜茧蜂正处于低龄幼虫期（1~2龄）（由于1龄和2龄形态不好区分，因此一起统计）；当被寄生苣荬蚜腹部膨胀至最大，茶足柄瘤蚜茧蜂正处于高龄幼虫期（3~4龄）。每日定时采集发育至不同龄期的茶足柄瘤蚜茧蜂作为供试虫源。

②处理方法。根据预试验的结果，温度对茶足柄瘤蚜茧蜂滞育的影响必须通过短光照才能反映出来，因此光周期设定为 $L:D=8h:16h$，将供试虫源分别在8℃、10℃、12℃条件下进行低温处理，低温处理的时间为30d。低温处理后，分别将低温处理后的虫源置于放置5盆带2~3龄苣荬蚜的蚕豆苗（每盆蚜量控制在100头左右）的环境中，在25℃、相对湿度70%~80%、光照强度4 000~5 000lx下，设置环境温度误差±1℃，每天观察记录寄主苣荬蚜的生长和形成僵蚜情况，自有僵蚜出现日起，用解剖针挑拨僵蚜装入培养皿中，记录僵蚜形成及羽化日期、数量。检查僵蚜内的活、死预蛹、蛹和成蜂数，并计算滞育率（%）。每处理重复3次。

表9-1　茶足柄瘤蚜茧蜂各虫态感受低温处理的滞育率　　　　　　　　　（%）

25℃下发育时间（h）	处理的虫态	8℃	10℃	12℃
24h	卵	0.00±0.00Dd	0.00±0.00Cc	0.00±0.00Bb
72h	低龄幼虫（1~2龄）	11.53±1.52Bb	1.15±2.31Bb	0.00±0.00Bb
120h	高龄幼虫（3~4龄）	70.96±1.82Aa	62.25±1.85Aa	30.58±1.12Aa
168h	蛹	2.17±1.76Cc	0.00±0.00Cc	0.00±0.00Bb

注：平均数±标准误。同列数据后不同小写字母、同行数据后不同大写字母表示经 Duncan's 新复极差法检验在 $P<0.05$ 水平差异显著。

茶足柄瘤蚜茧蜂各虫态感受低温处理的滞育率的结果见表9-1。在25℃下发育24h的寄生苣荬蚜体内蜂处于卵阶段，在低温下死亡率高，没有滞育个体；在

25℃下发育 168h（7d）以上，寄生苜蓿蚜体内蜂已发育至蛹阶段，被置于 10℃、12℃低温后，继续发育至成蜂羽化，没有滞育个体；在 25℃下发育 120h 处于 3~4 龄幼虫阶段的蚜茧蜂，在 8℃、10℃、12℃下继续发育至蛹便不再发育，进入滞育状态，其滞育率分别可达 70.96%、62.25%、30.58%；在 25℃下发育 72h 处于 1~2 龄幼虫阶段的蚜茧蜂有 11.53% 的滞育率。其他虫态在 8℃、10℃、12℃下均无滞育个体出现。由此推知，茶足柄瘤蚜茧蜂感受滞育信号的敏感虫态为 3~4 龄幼虫；其他虫态对滞育诱导信号均不敏感，蛹则为滞育虫态。

从实际应用出发，25℃下茶足柄瘤蚜茧蜂发育 168h 后置于 8℃、10℃下 30d 能诱导 60% 以上的个体进入滞育。说明 3~4 龄幼虫（高龄幼虫）是茶足柄瘤蚜茧蜂接受低温诱导滞育最敏感的虫态。故滞育诱导应在茶足柄瘤蚜茧蜂发育至 3~4 龄幼虫时进行。在试验中，蛹滞育率低的原因有二：一是经过处理后蛹死亡率高，说明滞育蛹在生理上没有做好准备直接从低温到室温的骤然变化；二是在适温下茶足柄瘤蚜茧蜂继续发育，导致大部分成蜂羽化，一部分发育成蛹，说明大部分个体在低温下只是暂时发育受阻，未真正进入滞育，而置于适宜环境条件则继续发育。

（2）光周期和温度对茶足柄瘤蚜茧蜂滞育诱导的影响。试验采用二因子正交试验法，设 4 个光周期（L：D = 14h：10h、L：D = 12h：12h、L：D = 10h：14h 和 L：D = 8h：16h）和 5 个温度（8℃、10℃、12℃、14℃和 16℃），每个处理放置 5 盆带 2~3 龄苜蓿蚜的蚕豆苗，每盆蚜量控制在 100 头左右，按雌雄 1：1 接入羽化 24h 以内的茶足柄瘤蚜茧蜂 10 对，充分寄生 24h 后除去茶足柄瘤蚜茧蜂，并用 100 目尼龙网袋笼罩。然后置于各处理的培养箱中饲养，每天观察，自有僵蚜形成日起，每日定时收集，分装培养皿内，置于同样试验条件下，并记录僵蚜形成及羽化日期、数目。自最后一头僵蚜羽化之日起，5d 内若无僵蚜羽化出蜂，则将仍未羽化的僵蚜转移至 25℃，L：D = 14h：10h，相对湿度 80%，光照强度 8 800lx 下，每日观察记录羽化日期、数目，然后将其取出解剖，在连续变倍体视显微镜下查明存活状况及虫态，并计算滞育率。每个处理 500 头苜蓿蚜，每处理重复 3 次。环境设置温度误差±1℃。

不同光周期和不同温度条下茶足柄瘤蚜茧蜂的滞育率如表 9-2 所示。不同光周期条件下茶足柄瘤蚜茧蜂蛹的滞育率差异显著（$P<0.05$），温度 8～12℃，随光照时长的缩短而增加：在温度为 8℃、长光照 L：D＝14h：10h 时，蛹的滞育率仅为 19.83%，而光照缩短为 L：D＝8h：16h 时，滞育率增至 73.58%，为长光照条件下的 3.7 倍，滞育率显著升高；温度为 10～12℃时，光周期对滞育的诱导作用有所下降，滞育率最高不超过 60%；温度为 14℃时，仅 L：D＝8h：16h 时有 6.51% 个体滞育；温度为 16℃时，无论是长光照还是短光照，蛹滞育率均为 0。由此可知，茶足柄瘤蚜茧蜂属于典型的短日照滞育，光照时数越短，滞育率越高。在不同温度条件下茶足柄瘤蚜茧蜂蛹的滞育率差异显著（$P<0.05$），蛹滞育率在温光组合条件为 8℃、L：D＝10h：14h 和 L：D＝8h：16h 时接近 70%；温光组合条件为 10℃、L：D＝10h：14h 和 L：D＝8h：16h 时滞育率显著下降，不到 50%。光周期为 L：D＝8h：16h 时，在 8℃下蛹滞育率为 73.58%；温度升至 12℃时，滞育率显著下降，仅为 21.36%；温度升至 16℃时，滞育率降为 0，蛹不滞育，说明相比光周期，温度对滞育发生起决定性作用，茶足柄瘤蚜茧蜂蛹滞育率随温度下降而显著升高（$P<0.05$），光周期配合温度起调节作用。确定温度为 8℃、光周期为 L：D＝8h：16h 是茶足柄瘤蚜茧蜂滞育诱导最佳组合。

表 9-2　不同光周期和不同温度条下茶足柄瘤蚜茧蜂的滞育率　　　　　（%）

光周期	温度（℃）				
（L：D）	8	10	12	14	16
14：10	19.83±0.93Cc	15.71±1.11Cc	9.69±1.42Bb	0.00±0.00Bb	0.00±0.00Aa
12：12	25.67±1.07Cc	17.37±1.52Cc	11.26±1.63Bb	0.00±0.00Bb	0.00±0.00Aa
10：14	68.66±1.23Bb	39.20±2.57Bb	20.40±1.44Aa	0.00±0.00Bb	0.00±0.00Aa
8：16	73.58±0.85Aa	49.84±0.98Aa	21.36±1.03Aa	6.51±0.38Aa	0.00±0.00Aa

注：平均数±标准误。同列数据后不同小写字母、同行数据后不同大写字母表示经 Duncan's 新复极差法检验在 $P<0.05$ 水平差异显著。

　　（3）诱导时长对茶足柄瘤蚜茧蜂滞育诱导的影响。于人工气候箱内对处于高龄幼虫期（3～4 龄）的茶足柄瘤蚜茧蜂在光周期 L：D＝8h：16h、4 000～5 000lx，相对湿度 70%～80% 条件下进行滞育诱导，诱导时间分别为 10d、20d、30d、40d，诱导温度分别为 8℃、10℃、12℃。每处理重复 3 次。每个处理放上述接蜂后带 100 头苜蓿蚜盆栽蚕豆苗 5 盆。每处理重复 3 次。在 25℃、相对湿度 70%~80%、光照强度 4 000~5 000lx 下，设置环境温度误差 ±1℃，每天观察记录寄主苜蓿蚜的生长和形成僵蚜情况，自有僵蚜出现日起，用解剖针挑拨僵蚜装入培养皿中，记录僵蚜形成及羽化日期、数量。检查僵蚜内的活、死预蛹、蛹和成蜂数，并计算滞育率（%）。

在各温度下诱导历期对茶足柄瘤蚜茧蜂滞育的影响差异显著（表 9-3）。结果表明，各温度下，诱导历期 10d 时滞育率为 0，为无效诱导；在 8℃和 10℃下，诱导 30d 和 40d 显著高于诱导 10d 和 20d。在 8℃下，持续诱导 30d 后，茶足柄瘤蚜茧蜂滞育率可达 70%，继续维持诱导条件，滞育诱导率可小幅增长。考虑到经济成本的因素，生产中的建议组合是温度 8℃、光周期 L：D = 8h：16h、诱导 30d。

表 9-3　诱导时长对茶足柄瘤蚜茧蜂滞育诱导的影响

诱导时长（d）	温度（℃）		
	8	10	12
10	0.00±0.00Cc	0.00±0.00Cc	0.00±0.00Bb
20	29.31±1.12Bb	25.98±1.90Bb	13.73±1.22Aa
30	67.54±2.58Aa	40.63±0.94Aa	20.10±0.85Aa
40	72.38±1.51Aa	43.63±2.1Aa	22.62±0.75Aa

注：平均数±标准误。同列数据后不同小写字母、同行数据后不同大写字母表示经 Duncan's 新复极差法检验在 $P<0.05$ 水平差异显著。

5. 实施例 2：低温贮藏处理对茶足柄瘤蚜茧蜂滞育解除的影响

通过测定茶足柄瘤蚜茧蜂滞育僵蚜的羽化率，以及羽化后的成蜂寿命及寄生率，确定低温贮藏茶足柄瘤蚜茧蜂滞育僵蚜的时间。具体步骤如下：将滞育僵蚜（蛹）收集到培养皿中（直径 6cm，高 2cm），顶端用可透气纱网覆盖，滞育僵蚜是将处于高龄幼虫期（3~4 龄）的茶足柄瘤蚜茧蜂在 8℃、光周期 L：D = 8h：16h、相对湿度 70%~80%、光照强度 4 000~5 000lx 条件下诱导 30d 产生的滞育个体。试验共设 30d、60d、90d 和 120d 4 个冷藏时间，贮藏于 4℃、黑暗、相对湿度 70%~80%的冷藏箱内。每隔 30d 从冷藏箱中取出 100 头滞育僵蚜，放入温度25℃、光周期 L：D=14h：10h、相对湿度70%～80%、光照强度4 000～5 000 lx 的人工气候箱中让其羽化，观察并统计贮藏不同时间后茶足柄瘤蚜茧蜂滞育僵蚜的羽化率和羽化期。将滞育僵蚜羽化后的成蜂，饲喂体积分数为20%的蜂蜜水作为补充营养，在温度25℃、光周期 L：D=14h：10h、相对湿度70%～80%、光照强度4 000～5 000lx 的条件下交配24h，然后进行接种，每对蜂接种100头2～3龄首蓿蚜幼虫，寄生24h 后取出。观察并统计贮藏不同时间后茶足柄瘤蚜茧蜂成蜂的寿命以及寄生率，以未冷藏处理的非滞育僵蚜为对照（CK）。每个处理100个滞育僵蚜，重复3次。

结果如表9-4所示。将茶足柄瘤蚜茧蜂滞育僵蚜置于4℃下贮藏不同时间后转至温度（25±1）℃、光周期 L：D=14h：10h 下，7d 后僵蚜开始羽化，4℃下贮藏90d 的滞育僵蚜的羽化率为80.2%，成蜂寿命为11.23d，寄生率达80.61%，与对照组差异不显著，是解除滞育的最佳时机。4℃下贮藏120d 的滞育僵蚜，虽然成蜂寿命（成蜂寿命为7.28d）、寄生率（寄生率为51.26%）明显低于对照组，但仍有69.64%的滞育僵蚜能正常羽化。可见对于进入滞育态的茶足柄瘤蚜茧蜂（滞育僵蚜），保存于黑暗、4℃条件下，贮存期可达90～120d。

表9-4　低温贮藏处理对茶足柄瘤蚜茧蜂滞育解除滞育的影响

冷藏期（d）	处理僵蚜数	羽化率（%）	成蜂寿命（d）	寄生率（%）
30	100	85.13±0.71Aa	13.56±0.52AaBb	83.20±0.71Aa
60	100	82.59±1.58Aa	13.14±0.58AaBb	80.12±0.24Aa
90	100	80.20±1.22Aa	11.23±0.62Bb	80.61±1.31Aa
120	100	69.64±0.87Bb	7.28±0.61Cc	51.26±2.15Bb
（CK）	100	82.33±0.96Aa	14.71±0.61Aa	78.82±1.11Aa

注：平均数±标准误。同列数据后不同小写字母、同行数据后不同大写字母表示经 Duncan's 新复极差法检验在 $P<0.05$ 水平差异显著。

6. 权利要求

（1）一种调控茶足柄瘤蚜茧蜂滞育的方法，包括如下步骤。

将待进行滞育诱导的茶足柄瘤蚜茧蜂置于温度（8～10）℃、光周期 L：D=8h：16h 的条件下进行诱导，使所述茶足柄瘤蚜茧蜂进入滞育态。

将得到的进入滞育态的所述茶足柄瘤蚜茧蜂转入温度 4℃、黑暗的条件下贮存。

贮存结束后，将所述茶足柄瘤蚜茧蜂转入温度（25±1）℃、相对湿度（70±10)%、光周期 L：D=14h：10h 的条件下恢复发育，使所述茶足柄瘤蚜茧蜂由滞育态转变为正常的发育状态。

（2）一种茶足柄瘤蚜茧蜂滞育诱导及贮存方法，包括如下步骤。

将待进行滞育诱导的茶足柄瘤蚜茧蜂置于温度（8~10)℃、光周期 L：D=8h：16h 的条件下进行诱导，使所述茶足柄瘤蚜茧蜂进入滞育态。

将得到的进入滞育态的所述茶足柄瘤蚜茧蜂转入温度 4℃、黑暗的条件下贮存。

（3）一种茶足柄瘤蚜茧蜂滞育诱导方法，包括如下步骤：将待进行滞育诱导的茶足柄瘤蚜茧蜂置于温度（8~10)℃、光周期 L：D=8h：16h 的条件下进行诱导，使所述茶足柄瘤蚜茧蜂进入滞育态。

（4）根据权利要求任一所述的方法，其特征在于：所述待进行滞育诱导的茶足柄瘤蚜茧蜂为茶足柄瘤蚜茧蜂的卵或幼虫。

（5）根据权利要求所述的方法，其特征在于：所述幼虫为 3~4 龄幼虫。

（6）根据权利要求任一所述的方法，其特征在于：所述诱导的时间为 30~40d。

（7）根据权利要求的方法，其特征在于：所述诱导的时间为 30d。

（8）根据权利要求任一所述的方法，其特征在于：所述贮存的时间在 120d 以内。

（9）根据权利要求（8）所述的方法，其特征在于：所述贮存的时间为 90d。

（10）根据权利要求任一所述的方法，其特征在于：所述恢复发育的时间为 7d。

二、利用水培蚕豆规模化扩繁茶足柄瘤蚜茧蜂的方法

1. 技术领域及背景技术

本发明属于生物技术领域，具体地说是涉及一种利用水培蚕豆规模化扩繁茶

足柄瘤蚜茧蜂的方法，具体涉及寄主植物筛选、寄主植物快繁、模块繁蜂和收集僵蚜等方法的组合。

苜蓿蚜隶属于半翅目，蚜科，别名有豆蚜、花生蚜、槐蚜等，通常分布于甘肃、新疆、宁夏、内蒙古、河北、山东、四川、湖南、湖北、广西和广东等地。苜蓿蚜是一种暴发性害虫，为害的植物有苜蓿、紫云英、红豆草、三叶草和紫穗槐等豆科植物。该蚜虫除直接刺吸植株汁液，造成植株水分和营养失调而萎缩外，还通过刺吸的途径传播多种病毒病，是豆科植物上的一个重要害虫。苜蓿蚜的天敌昆虫种类很多，已定名的就有 20 余种，其中捕食性天敌约 18 种，寄生性天敌有 3 种。主要是瓢虫类、食蚜蝇类、寄生蜂类、草蛉类等，以七星瓢虫、蚜茧蜂、黑带食蚜蝇为优势种。

茶足柄瘤蚜茧蜂属膜翅目，蚜茧蜂科，以其生殖力强、自然寄生率高、世代周期短和适应性强并易于人工繁殖等优良性状成为蚜茧蜂科中利用价值很高的天敌昆虫之一。茶足柄瘤蚜茧蜂可寄生于苜蓿蚜、麦二叉蚜、棉蚜、豆蚜、酸模蚜、禾谷缢管蚜及玉米蚜等，对苜蓿蚜的防治效果尤其显著。在苜蓿田，茶足柄瘤蚜茧蜂对苜蓿蚜的寄生率通常为 30%～60%。鉴于该寄生蜂的优良生物防治能力，总结筛选高效扩繁技术，大量生产天敌昆虫产品，对于防控农业、林业上的蚜类害虫具有重大的意义。

2. 发明内容

本发明为了克服现有技术存在的不足，提供一种能够大大节约繁蜂成本、促进茶足柄瘤蚜茧蜂的大规模繁殖乃至商品化生产的利用水培蚕豆规模化扩繁茶足柄瘤蚜茧蜂的方法。

本发明公开了一种利用水培蚕豆规模化扩繁茶足柄瘤蚜茧蜂的方法，包括：寄主植物的筛选，选择蚕豆作为扩繁的寄主植物；培育蚕豆，寄主植物快繁，利用水培的方式实现规模化快速培育；接蚜繁蚜，将生长期为 20d 的蚕豆苗接入苜蓿蚜，并置于人工气候箱内继续培养至第 5 天，计数蚕豆植株上蚜虫量；接蜂繁蜂，在小花盆内培育蚕豆苗，在人工气候箱内培养蚕豆及后期接入的苜蓿蚜和茶足柄瘤蚜茧蜂，收集僵蚜。选择生长期为 20d 的蚕豆幼苗+每株蚕豆接种 20～30 头待产卵的苜蓿蚜成蚜培养 5d+接蜂比为 1∶100 的待产卵的雌性茶足柄瘤蚜茧蜂成蜂，该组合大大节约繁蜂成本，促进茶足柄瘤蚜茧蜂的大规模繁殖乃至商品化生产。

本发明是通过以下技术方案实现的：一种利用水培蚕豆规模化扩繁茶足柄瘤蚜茧蜂的方法，其具体包括如下步骤。

（1）寄主植物的筛选。选择蚕豆、豌豆、苜蓿这3种寄主植物，比较苜蓿蚜在几种寄主植物上存活率和繁殖力的差异及不同寄主植物对于茶足柄瘤蚜茧蜂的扩繁效果，经过试验得出，蚕豆各个参数最好，选择蚕豆作为扩繁苜蓿蚜及茶足柄瘤蚜茧蜂的寄主植物。

（2）培育寄主植物蚕豆。寄主植物快繁，利用水培的方式实现规模化快速培育，具体培育方法为：

①选取健康饱满的当年收蚕豆种子，清水冲洗。

②将冲洗干净的种子置于塑料盆中，室温下用清水浸泡种子16h。

③将泡胀的种子从水中捞出，以湿润的双层棉质纱布覆盖，置于温度25℃、相对湿度65%~70%的人工气候箱中催芽，每日早晚用清水冲洗种子、打湿纱布各一次；催芽5d后，在种子生根发芽且芽伸长至3cm左右时，将其摆放于30cm×22cm×5cm的塑料托盘中，密度100粒/盘。

④向塑料托盘中加3cm深的清水，置于室温25℃、光照度22 000lx的恒温光照培养箱中。

⑤注意按需要向塑料托盘中补水，至蚕豆苗生长到合适大小即可用于饲养苜蓿蚜。

（3）接蚜繁蚜。在室温（25±1）℃条件下，以20%蜂蜜水为成蜂的营养来源，试验所用寄生蜂茶足柄瘤厨苗蜂雌蜂已经交配过，在每个寄生盒内放入寄主数为50头，然后移入寄生蜂2头，让其寄生，观察寄生情况，以出现僵蚜为寄生成功的标准。

选择生长期为10~26d的不同阶段的蚕豆幼苗进行试验，分别向每盆内接入蚜虫20头，再经7d连续培养，计数蚕豆植株上蚜虫量，并计算单叶载蚜量，试验共10次重复，结果取平均值。

将生长期为20d的蚕豆苗接入10头、30头、50头和70头苜蓿蚜用100目尼龙网袋笼罩,并置于人工气候箱内继续培养至第 5 天,计数蚕豆植株上蚜虫量,并计算接蚜扩繁效率,每处理 5 次重复,结果取平均值。

(4) 接蜂繁蜂。

模块繁蜂:在 10cm×8cm 的小花盆内培育蚕豆苗,每盆育蚕豆苗 3 株,在人工气候箱内培养蚕豆及后期接入的苜蓿蚜和茶足柄瘤蚜茧蜂,将生长期为 20d 的蚕豆苗,每株接入 20 头苜蓿蚜用 100 目尼龙网袋笼罩,再经 7d 连续培养,此时蚜虫种群数量达到 500 头/株,将初羽化的茶足柄瘤蚜茧蜂雌蜂置于混合种群,完成交尾后,再向网袋中接入茶足柄瘤蚜茧蜂雌蜂,即分别每盆蚕豆苗接入 50 头、30 头、21 头、15 头、10 头、8 头和 6 头茶足柄瘤蚜茧蜂雌蜂,24h 取出茶足柄瘤蚜茧蜂。

收集僵蚜:培养 7d 后计算茶足柄瘤蚜茧蜂僵蚜数量,用计数器随机测量 1 株蚕豆上的僵蚜量,估算总量,待茶足柄瘤蚜茧蜂出蜂后记录出蜂数,并计算单蜂贡献率,每处理 10 次重复。

需建立苜蓿蚜和茶足柄瘤蚜茧蜂的保种种群,保种环境条件为:温度 (25±1)℃,相对湿度 65%~70%,光周期 L:D=14h:10h,定期从野外采集土著种群进行复壮。

扩繁茶足柄瘤蚜茧蜂的最佳参数组合:选择生长期为 20d 带有 7~8 片真叶的蚕豆幼苗,每株蚕豆接种 20~30 头待产卵的苜蓿蚜成蚜培养 5d,选择接蜂比为 1:100 的待产卵的雌性茶足柄瘤蚜茧蜂成蜂进行繁蜂。人工气候箱内的温度 (25±1)℃,相对湿度 60%~70%,光周期 L:D=14h:10h。

本发明的有益效果是:综合本发明中各试验的结果,扩繁茶足柄瘤蚜茧蜂最佳组合为:生长期为 20d 的蚕豆幼苗(7~8 片真叶)+每株蚕豆接种 20~30 头待产卵的苜蓿蚜成蚜培养 5d+接蜂比为 1:100 的待产卵的雌性茶足柄瘤蚜茧蜂成蜂。该组合可以大大节约繁蜂成本,能促进茶足柄瘤蚜茧蜂的大规模繁殖乃至商品化生产。

图 9-1 是不同寄主植物上苜蓿蚜存活率曲线。

图 9-2 是不同寄主植物上苜蓿蚜繁殖力比较曲线。

图 9-3 是接种后苜蓿蚜在不同寄主植物上数量随时间的变化情况曲线。

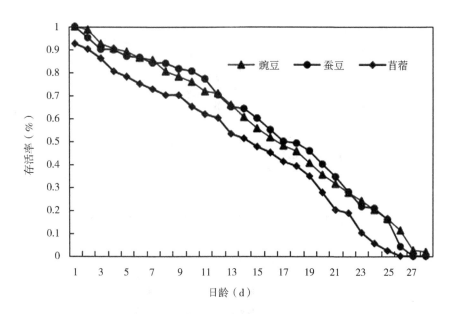

图 9-1 不同寄主植物上苜蓿蚜存活率曲线比较曲线

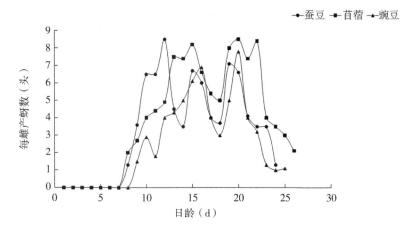

图 9-2 不同寄主植物上苜蓿蚜繁殖力

图 9-4 是不同寄主植物对茶足柄瘤蚜茧蜂寄生率影响柱形图。

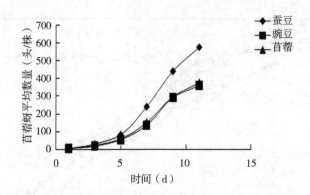

图9-3 苜蓿蚜在不同寄主植物上数量随时间的变化曲线

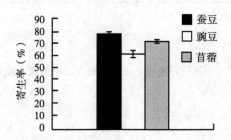

图9-4 不同寄主植物对茶足柄瘤蚜茧蜂寄生率影响柱形图

图9-5是不同寄主植物的上僵蚜羽化率柱形图。

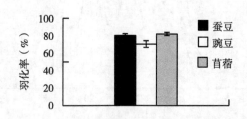

图9-5 不同寄主植物的上僵蚜羽化率柱形图

3. 具体实施方式

以下结合附图和具体实施方式对本发明作详细描述，下述实施方式中所使用的试验方法如无特殊说明，均为常规方法，其中所用的材料和试剂等，如无特殊说明，均可从商业途径得到。

供试虫源：苜蓿蚜和茶足柄瘤蚜茧蜂德国矿工、铁路职工、海员养老保险蜂种可从中国农业科学院草原研究所获得。为满足扩繁的需求，需建立以上苜蓿蚜和茶足柄瘤蚜茧蜂的保种种群，保种环境条件为：温度（25±1）℃，相对湿度65%~70%，光周期 L：D＝14h：10h，定期从野外采集土著种群进行复壮。

（1）寄主植物筛选及适合性评价试验。选择蚕豆、豌豆、苜蓿这 3 种寄主植物，探讨苜蓿蚜在其上的发育和繁殖等特性及茶足柄瘤蚜茧蜂的个体发育情况，比较苜蓿蚜在几种寄主植物上存活率和繁殖力的差异及不同寄主植物对于茶足柄瘤蚜茧蜂的扩繁效果。

供试寄主植物为蚕豆、豌豆和苜蓿，精选各供试种类无病、饱满的种子，在温室育苗盘内培育幼苗，待蚕豆、豌豆和苜蓿长至 2~3 片真叶时，移栽至直径9cm、高 10cm 的营养钵内，每种植物 20 盆，每盆一株，蚕豆为常年水培繁殖。

从中国农业科学院草原研究所沙尔沁基地苜蓿大棚中采集无翅成蚜，在温室内饲养苜蓿蚜数代后，将足量均一化的苜蓿蚜转接到三种寄主植物上连续繁殖 5 代以上作为供试虫源。茶足柄瘤蚜茧蜂采自中国农业科学院草原研究所沙尔沁基地，供试时在温室内以苜蓿蚜作为寄主连续饲养 5 代以上。

不同寄主植物对苜蓿蚜的发育历期和繁殖的影响试验：采用单头饲养法，用供试植株苗期的幼嫩叶片饲养单头成蚜，24h 后除去成蚜。将叶片背面朝上放入底层覆盖有湿润滤纸片的直径 9cm、高 1cm 的培养皿中，用软毛笔将 1 龄若蚜转移到叶片上，每皿 1 头，每种寄主植物 30 个重复。将各处理置于（25±1）℃、光周期 L：D＝14h：10h、相对湿度 65%~70% 的光照培养箱中进行饲养。每天隔12h 观察苜蓿蚜的蜕皮、产仔、死亡情况，直至所有试虫死亡为止，记载各发育阶段的发育历期、存活率、产蚜量、成蚜寿命等。每次观察均剔除蜕皮和新产若蚜，隔天加水并换新鲜叶片。

不同寄主植物对苜蓿蚜扩繁速度的影响试验：分别取 3 种寄主植物上的 5 头

苜蓿蚜成蚜接在同类寄主植物上，为了便于计数蚜量，去除心叶，只留一片叶，并用 100 目尼龙网袋罩严，每天观察 1 次，连续观察 10d。统计每株苗上蚜虫数，每处理调查 10 株。

不同寄主植物对茶足柄瘤蚜茧蜂发育的影响试验：塑料花盆种植苜蓿、蚕豆、豌豆 3 种植物，选取长势一致的幼苗若干株，每株接原寄主植物上 2~3 龄苜蓿蚜 100 头，用 100 目尼龙网袋笼罩，待蚜虫定居植物 24h 后，接入 5 头供试寄生蜂，寄生 24h 后移除寄生蜂，每种处理 10 次重复。待 7~8d 后，开始每天观察是否有僵蚜出现，记录僵蚜数。将每天收集的僵蚜放入按植株编号的培养皿中。每天观察僵蚜的羽化情况，记录羽化时间、羽化数、性别；随机抽取羽化的雄性、雌性后代寄生蜂各 30 头，在 4℃ 低温储藏柜放置 40min，用超微量天平测量其体重。

茶足柄瘤蚜茧蜂按 1∶1 雌雄配对，按照 1∶100 的蜂蚜比，释放在装有 3 种寄主植物的 100 目尼龙网袋内。从植株上出现僵蚜开始，逐日将其挑下，装入指形管内。取不同寄主植物上产生的 24h 后的茶足柄瘤蚜茧蜂僵蚜，称量百头重量。羽化后的成蜂继续配对，接在有苜蓿蚜寄生的寄主植物上，置于温室内扩繁。从沙尔沁基地试验田的苜蓿上采集若干茶足柄瘤蚜茧蜂的僵蚜带回试验室，作为对照。

表 9-5 不同寄主植物上苜蓿蚜的发育历期

寄主植物	若虫					成虫寿命	全世代
	1 龄	2 龄	3 龄	4 龄	若虫期		
蚕豆	1.72±0.07a	1.52±0.05a	1.54±0.11b	1.91±0.07b	6.69±0.07a	17.60±0.97a	24.29±1.52a
豌豆	1.86±0.05b	1.75±0.09b	1.51±0.06b	2.14±0.06a	7.26±0.11b	14.29±1.25b	21.55±2.11b
苜蓿	1.82±0.06b	2.01±0.08c	1.38±0.08a	1.85±0.06b	7.06±0.09b	10.11±1.19c	17.17±1.69c

苜蓿蚜在不同寄主植物上的各虫态历期及成虫寿命见表 9-5。在 3 种寄主植物上苜蓿蚜均能完成生长发育，但不同寄主植物对苜蓿蚜各虫态的发育历期有显著影响。1 龄若虫在蚕豆上的发育历期最短，为 1.72d，与豌豆和苜蓿上的发育历期有显著性差异，发育历期在豌豆与苜蓿之间无显著性差异；2 龄若虫发育历

期显著短于苜蓿和豌豆上的发育历期；3龄若虫的发育历期在蚕豆和豌豆无显著差异，在苜蓿上最短，为1.38d；4龄若虫的发育历期在蚕豆和苜蓿无显著差异，在苜蓿上最短，为1.85d。3种寄主植物上的成虫寿命差异显著，苜蓿上苜蓿蚜成虫的寿命显著短于其他2种植物上的成虫寿命，成虫寿命在蚕豆和豌豆上分别为17.60d和14.29d，在苜蓿上的成虫寿命最短，仅10.11d。

综上所述，苜蓿蚜在3种寄主植物上的世代历期差异显著，苜蓿上最短为10.11天，豌豆为14.29d，蚕豆为17.60d。

图9-1是不同寄主植物上苜蓿蚜存活率曲线，苜蓿蚜取食苜蓿、豌豆、蚕豆3种寄主植物时死亡大多发生在中老年个体上，在豌豆上苜蓿蚜若虫期死亡率比在苜蓿和蚕豆上高，表明豌豆对苜蓿蚜的生长发育有一定的抑制作用。

由表9-6可知，苜蓿蚜在3种寄主植物上的试验种群生命参数不同。在蚕豆上苜蓿蚜的净增值率 R_0 和周限增长率最大，分别为42.48和1.28，表明苜蓿蚜在以蚕豆为寄主植物时每雌经历一个世代可产生的雌性后代数和单位时间里种群的理论增长倍数最大。周限增长率均大于1，表明苜蓿蚜的种群呈几何型增长，按其值大小排序为蚕豆>苜蓿>豌豆。种群内禀增长率 r_m 表示苜蓿蚜对寄主植物的适宜度和嗜食性，其与周限增长率的趋势一致，表明相同条件下，苜蓿蚜更易于取食蚕豆、苜蓿、豌豆。苜蓿蚜在豌豆上的平均世代周期最长（19.05），在蚕豆上的平均世代周期最短（15.46），苜蓿蚜在蚕豆上的种群加倍时间最短（2.84），在豌豆上的种群加倍时间最长（4.03）。综合评价，蚕豆各个参数最好，可作为扩繁苜蓿蚜及茶足柄瘤蚜茧蜂的最优寄主植物。

表9-6　不同寄主植物上苜蓿蚜的种群生命表参数

参数	蚕豆	豌豆	苜蓿
净增殖率 R_0	43.48	28.65	29.72
内禀增长率 r_m	0.244	0.172	0.207
周限增长率 λ	1.28	1.19	1.23
平均世代周期 T （d）	15.46	19.05	16.39
种群加倍时间 （t） （d）	2.84	4.03	3.35

不同寄主植物对苜蓿蚜繁殖力的影响：

如图9-2所示，苜蓿蚜在不同寄主植物上的生殖力曲线基本相似。但产蚜高峰出现的早晚以及峰值的高低有一定差异，以蚕豆饲养的苜蓿蚜产蚜高峰出现最早（12d）、豌豆则为最晚（第20天），高峰产蚜量以在蚕豆上饲养的为最高（8.5头/雌），豌豆为最低（7.8头/雌）。苜蓿蚜在以苜蓿、蚕豆、豌豆为寄主植物时每雌产蚜数总体上呈先增大后减少的趋势，都有一个最大值，在这3种寄主植物上，最高值出现时间和幅度有一定的差异，在蚕豆上时第12天和第20天出现两个繁殖高峰，第12天时，蚕豆上的苜蓿蚜单雌产蚜数最大，为8.5头，第15天时，苜蓿上的苜蓿蚜单雌产蚜数最大，为8.2头，第20天时，豌豆上的苜蓿蚜单雌产蚜数最大，为7.8头。苜蓿蚜在取食3种寄主植物时进入繁殖期的时间有差异，在以蚕豆为食料时，进入繁殖期的时间比豌豆和苜蓿为食料的时间早1~2d，综合比较产蚜高峰期出现的时间早晚和产蚜高峰期内平均产蚜量发现，苜蓿蚜在以蚕豆为寄主时适应性较好。

不同寄主植物对苜蓿蚜扩繁速度的影响：

如图9-3所示，在3种寄主植物上苜蓿蚜数量都随接种时间的增长而增加，其中蚕豆上苜蓿蚜增长速率最快，在整个试验过程中苜蓿蚜的数量均保持较高水平。豌豆和苜蓿上苜蓿蚜数量的增长速率次之。苜蓿蚜在3种寄主植物上前5d增长速率并不快，接种7d后，蚕豆上苜蓿蚜平均数量最多达240头/株，显著高于其他2种寄主植物上苜蓿蚜的数量。因此，从繁蚜数量上来看，蚕豆均可作为苜蓿蚜理想的寄主植物。

不同寄主植物对茶足柄瘤蚜茧蜂寄生率、羽化率的影响：茶足柄瘤蚜茧蜂在3种寄主植物上的寄生率和羽化率均表现为蚕豆>苜蓿>豌豆，且寄主植物间差异显著。在蚕豆和苜蓿上，茶足柄瘤蚜茧蜂的羽化率均高于80%，两者之间无显著差异，但均高于茶足柄瘤蚜茧蜂在豌豆上的羽化率（图9-4、图9-5）。

（2）寄主植物培育技术。利用水培方式可以实现寄主植物蚕豆的规模化快速培育。

相关简便培育方法：一是选取健康饱满的当年收蚕豆种子，清水冲洗；二是将冲洗干净的种子置于塑料盆中，室温下用清水浸泡种子16h；三是将泡胀的种子从水中捞出，以湿润的双层棉质纱布覆盖，置于25℃、相对湿度65%~70%的人工气候箱中催芽；每日早晚用清水冲洗种子、打湿纱布各一次；四是催芽5d后，在种子生根发芽且芽伸长至3cm左右时，将其摆放于30cm×22cm×5cm的塑料托盘中，密度100粒/盘；五是向塑料托盘中加3cm深的清水，置于室温25℃、光照度22 000lx的恒温光照培养箱中；六是注意按需要向塑料托盘中补水，至蚕豆苗生长到合适大小即可用于饲养苜蓿蚜。

（3）饱和式接蚜、繁蜂技术。利用水培蚕豆扩繁茶足柄瘤蚜茧蜂。

①寄主遴选。选择茶足柄瘤蚜茧蜂优势寄生的寄主—苜蓿蚜。

室温（25±1）℃条件下，以20%蜂蜜水为成蜂的营养来源，试验所用寄生蜂茶足柄瘤厨苗蜂雌蜂已经交配过。在每个寄生盒内放入寄主数为50头，然后移入寄生蜂2头，让其寄生，观察寄生情况，以出现僵蚜为寄生成功的标准。试验共设4种寄主苜蓿蚜、玉米蚜、麦长管蚜和桃蚜，8组分配方式，3次重复。如下。

单独提供苜蓿蚜2龄若蚜为寄主；

单独提供玉米蚜2龄若蚜为寄主；

单独提供麦长管蚜2龄若蚜为寄主；

单独提供桃蚜2龄若蚜为寄主；

同时提供苜蓿蚜2龄若蚜和麦长管蚜2龄若蚜作为寄主，各50头；

同时提供苜蓿蚜2龄若蚜和桃蚜2龄若蚜作为寄主，各50头；

同时提供玉米蚜2龄若蚜和麦长管蚜2龄若蚜作为寄主，各50头；

同时提供玉米蚜2龄若蚜和桃蚜2龄若蚜作为寄主，各50头。

试验结果表明，茶足柄瘤蚜茧蜂对寄主有一定的选择性，在提供苜蓿蚜和玉米蚜时能被茶足柄瘤蚜茧蜂雌蜂所寄生，不能在供试的寄主麦长管蚜和桃蚜上产卵。当提供苜蓿蚜和麦长管蚜为寄主时，茶足柄瘤蚜茧蜂只集中在苜蓿蚜上表现产卵行为，对麦长管蚜无趋性；当提供苜蓿蚜和桃蚜为寄主时，茶足柄瘤蚜茧蜂只集中在苜蓿蚜上表现产卵行为，对桃蚜无趋性；当提供玉米蚜和麦长管蚜为寄主时，茶足柄瘤蚜茧蜂只集中在玉米蚜上表现产卵行为，对麦长管蚜无趋性；当提供玉米蚜和桃蚜为寄主时，茶足柄瘤蚜茧蜂只集中在玉米蚜上表现产卵行为，对桃蚜无趋性。

表 9-7　茶足柄瘤蚜茧蜂对寄主的选择

寄主	寄生率（%）
苜蓿蚜	89.54
玉米蚜	86.39
麦长管蚜	0
桃蚜	0
苜蓿蚜和麦长管蚜	88.48
苜蓿蚜和桃蚜	87.96
玉米蚜和麦长管蚜	86.21
玉米蚜和桃蚜	85.86

②保种维持。保种种群的建立与维持：为满足扩繁的需求，需建立苜蓿蚜的保种种群，保种环境条件为：温度（25±1）℃，相对湿度 65%～70%，光周期 L：D=14h：10h。定期从野外采集土著种群进行复壮。

③接种。在 10cm×8cm 的小花盆内栽培蚕豆，每盆育蚕豆苗 3 株。于人工气候箱［温度（25±1）℃、相对湿度 60%～70%、光周期 L：D=14h：10h］内培养蚕豆及后期接入的苜蓿蚜。选择生长期为 10～26d 的不同阶段的蚕豆幼苗进行试验，分别向每盆内接入蚜虫 20 头，再经 7d 连续培养，计数蚕豆植株上蚜虫量，并计算单叶载蚜量。比较苜蓿蚜对不同生长期蚕豆的嗜食性。试验共 10 次重复，结果取平均值。

表 9-8　苜蓿蚜对不同生长期蚕豆苗的选择性

蚕豆苗生长天数（d）	株高（cm）	接蚜时蚕豆展开叶片数	蚜虫总数（头/株）	单叶载蚜量（头/叶）
8	15.50±2.02b	4	157.90±10.85d	32.7
10	16.82±2.04b	4	180.66±15.52d	37.7
12	18.62±2.11b	4	191.29±36.51d	47.82
14	19.42±2.37b	4	226.68±26.21d	56.70

（续表）

蚕豆苗生长 天数（d）	株高（cm）	接蚜时蚕豆 展开叶片数	蚜虫总数 （头/株）	单叶载蚜量 （头/叶）
16	21.78±0.82b	6	437.15±12.11c	72.84
18	25.87±0.88a	6	490.21±17.89b	81.87
20	28.20±0.48c	6~8	560.18±23.27a	70~93.33
22	29.88±1.35c	6~8	440.70±15.82c	55.09~73.45
24	31.83±1.62c	6~8	450.82±20.33c	56.35~75.14

注：表中数据为平均值±标准差，表中不同小写字母表示在 0.05 水平上的差异显著性。

如表 9-8 所示，随着生长天数的延长，蚕豆幼苗真叶片数增多，蚕豆全株载蚜总量呈上升趋势，先期蚜量升高趋势显著，后期则稳定保持在扩繁效率为450~560 头/株，生长期为 20d 的蚕豆苗蚜虫量显著高于其他处理，说明已达到蚜虫最大增长率，即便有多余叶片提供营养，也不能促进蚜虫种群数量增加。在平均单叶载蚜量方面，呈现了明显的先增加再下降的趋势，蚕豆苗生长第 18~20d 接蚜，可获得最大的单叶载蚜量。考虑到生产成本、提高效率，生产上可以采纳在蚕豆生长的第 20d（第 6 片真叶完全展开时），接入蚜虫，经 7d 连续培养，蚜虫总量达 500~560 头/株、单叶载蚜量在 70~90 头，是最佳接种时间。

接寄主量的选择：将生长期为 20d 的蚕豆苗（每盆 3 株），接入 10 头、30头、50 头、70 头苜蓿蚜用 100 目尼龙网袋笼罩，并置于人工气候箱［温度（25±1）℃，相对湿度 60%~70%，光周期 L：D=14h：10h］内继续培养至第 5 天，计数蚕豆植株上蚜虫量，并计算接蚜扩繁效率（接蚜扩繁效率=最初接虫数/蚜虫总数）。每处理 5 次重复，结果取平均值。

表 9-9　苜蓿蚜最适接虫数量

最初接蚜量（头）	5d 后总蚜量（头/3 株）	单株蚜虫数（头/株）	接蚜扩繁效率
10	841.41±42.50e	280.47	1：28
30	1 481.01±38.10d	493.67	1：17
50	1 831.83±59.89d	610.61	1：12
70	2 175.99±93.55c	725.33	1：11

（续表）

最初接蚜量（头）	5d 后总蚜量（头/3 株）	单株蚜虫数（头/株）	接蚜扩繁效率
90	2 409. 45±117. 27b	803. 15	1∶9
100	2 730. 75±70. 22a	910. 25	1∶9
150	2 986. 56±70. 52a	995. 52	1∶7
200	3 555. 30±87. 30a	1 185. 10	1∶6

结果如表 9-9 所示，蚜虫总数随着接蚜数量的增加而上升，但后期升幅不显著，当接蚜数为 30 头时，5d 连续培养后，单株蚜虫数可达 490 头，扩繁效率为 1∶17；当接蚜数为 50 头，单株蚜虫数可达 610 头，扩繁效率为 1∶12；当接蚜数为 70 头，单株蚜虫数可达 720 头，扩繁效率为 1∶11；此后，随着接蚜数量的增加，单株载蚜量维持在较高水平，蚕豆寄主的营养供应不足，有翅蚜虫数量增加，迁飞外逃现象出现，扩繁效率降低。综合考虑生产成本、扩繁效率等因素，生产上接蚜数以 20~30 头/株为宜，既能避免种内竞争，又可以获得大量健康的 2~3 龄苜蓿蚜幼虫存在于蚕豆苗上。

④繁蜂。在上述试验结果的基础上，在 10cm×8cm 的小花盆内培育蚕豆苗，每盆育蚕豆苗 3 株，在人工气候箱内温度（25±1）℃，相对湿度 60%~70%，光周期 L∶D=14h∶10h 条件下，培养蚕豆及后期接入的苜蓿蚜和茶足柄瘤蚜茧蜂。将生长期为 20 天的蚕豆苗，每株接入 20 头苜蓿蚜用 100 目尼龙网袋笼罩，再经 7d 连续培养，此时蚜虫种群数量达到 500 头/株，将初羽化的茶足柄瘤蚜茧蜂雌蜂置于混合种群，完成交尾后，再分别按 1∶30、1∶50、1∶70、1∶100、1∶150、1∶200、1∶250 的蜂蚜比例向网袋中接入茶足柄瘤蚜茧蜂雌蜂，已完成交配、健壮且待产卵，即分别每盆蚕豆苗接入 50 头、30 头、21 头、15 头、10 头、8 头、6 头茶足柄瘤蚜茧蜂雌蜂，已完成交配、健壮且待产卵，24h 取出茶足柄瘤蚜茧蜂。培养 7d 后计算茶足柄瘤蚜茧蜂僵蚜数量。用计数器随机测量 1 株蚕豆上的僵蚜量，估算总量，待茶足柄瘤蚜茧蜂出蜂后记录出蜂数，并计算单蜂贡献率（单蜂贡献率=僵蚜总数/接蜂数）。每处理 10 次重复。

表9-10　接蜂数量对僵蚜及茶足柄瘤蚜茧蜂羽化的影响

接蜂数（头）	蜂蚜比	僵蚜总数（头）	单蜂贡献率（%）	后代羽化率（%）
6	1∶250	380b	63.33	85a
8	1∶200	510b	63.75	85a
10	1∶150	620b	62	85a
15	1∶100	1 010a	67.33	87a
21	1∶70	994a	47.33	90a
30	1∶50	970a	32.33	90a
50	1∶30	1 140a	22.80	90a

接蜂数量试验结果如表9-10所示，接蜂比对僵蚜数量影响显著，对后代羽化率影响不显著。随接蜂数量的增加，僵蚜数量呈上升趋势并逐渐趋于平稳，单蜂贡献率则是先上升后下降的趋势，当接蜂数量过高时，僵蚜数并未呈现显著增加。这主要是由于茶足柄瘤蚜茧蜂在寄生蚜虫的行为中，存在螯刺试探过程，一般要经反复多次的对蚜虫螯刺挑选，判定该蚜虫符合子代营养需求后，才在蚜虫体内产卵，如果茶足柄瘤蚜茧蜂密度过高，对蚜虫反复螯刺频繁，形成的机械损伤将致使更多的苜蓿蚜死亡，已在该蚜虫体内产卵的茶足柄瘤蚜茧蜂也不能完成发育过程，影响了僵蚜的形成。从僵蚜数量指标来看，蜂蚜比例为（1∶30）～（1∶100），僵蚜数量维持在1 000头的水平，达到较高水平；从单蜂贡献率的角度看，蜂蚜比例为（1∶100）～（1∶250）的区间，单蜂贡献率维持在63头僵蚜/蜂的水平，蜂蚜比例为1∶100时，单蜂贡献率最高。综合生产实际，蜂蚜比例为1∶100时，既发挥了寄生蜂最佳的寄生效能，形成的僵蚜数量也最多，适于大规模扩繁需要。

表9-11　茶足柄瘤蚜茧蜂生产周期

生产流程	时间（d）
培育蚕豆苗	1~24
接种苜蓿蚜	25
管理已接种苜蓿蚜的蚕豆苗	26~31

（续表）

生产流程	时间（d）
接种茶足柄瘤蚜茧蜂	32
茶足病例蚜茧蜂的发育	33~40
收集茶足柄瘤蚜茧蜂成蜂	41

繁殖周期的确定：在室内繁殖茶足柄瘤蚜茧蜂时，从种植寄主植物蚕豆、接种寄主苜蓿蚜、接种茶足柄瘤蚜茧蜂到成蜂羽化，共需要 40d 左右，详见表9-11。在一定的温度范围内，烟蚜茧蜂随着温度的升高发育周期缩短，因此，繁殖周期也会相应地缩短。

综合以上各试验的结果，扩繁茶足柄瘤蚜茧蜂最佳组合为：生长期为 20d 的蚕豆幼苗（7~8 片真叶）+每株蚕豆接种 20~30 头待产卵的苜蓿蚜成蚜培养 5d+接蜂比为 1∶100 的待产卵的雌性茶足柄瘤蚜茧蜂成蜂。该组合可以大大节约繁蜂成本，能促进茶足柄瘤蚜茧蜂的大规模繁殖乃至商品化生产。

最后应当说明的是，以上内容仅用以说明本发明的技术方案，而非对本发明保护范围的限制，本领域的普通技术人员对本发明的技术方案进行的简单修改或者等同替换，均不脱离本发明技术方案的实质和范围。

（4）权利要求。一种利用水培蚕豆规模化扩繁茶足柄瘤蚜茧蜂的方法，其特征在于：所述利用水培蚕豆规模化扩繁茶足柄瘤蚜茧蜂的方法具体包括如下步骤。

①寄主植物的筛选。选择蚕豆、豌豆、苜蓿这 3 种寄主植物，比较苜蓿蚜在几种寄主植物上存活率和繁殖力的差异及不同寄主植物对于茶足柄瘤蚜茧蜂的扩繁效果，经过试验得出，蚕豆各个参数最好，选择蚕豆作为扩繁苜蓿蚜及茶足柄瘤蚜茧蜂的寄主植物；

②培育寄主植物蚕豆。寄主植物快繁，利用水培的方式实现规模化快速培育，具体培育方法为：

a. 选取健康饱满的当年收蚕豆种子，清水冲洗；

b. 将冲洗干净的种子置于塑料盆中，室温下用清水浸泡种子 16h；

c. 将泡胀的种子从水中捞出，以湿润的双层棉质纱布覆盖，置于温度 25℃、相对湿度 65%~70% 的人工气候箱中催芽，每日早晚用清水冲洗种子、打湿纱布各一次；

d. 催芽 5d 后，在种子生根发芽且芽伸长至 3cm 时，将其摆放于 30cm×22cm×5cm 的塑料托盘中，密度 100 粒/盘；

e. 向塑料托盘中加 3cm 深的清水，置于室温 25℃、光照度 22 000lx 的恒温光照培养箱中；

f. 注意按需要向塑料托盘中补水，至蚕豆苗生长到合适大小即可用于饲养苜蓿蚜。

③接蚜繁蚜。在室温为（25±1）℃条件下，以 20% 蜂蜜水为成蜂的营养来源，试验所用寄生蜂茶足柄瘤蚜茧蜂雌蜂已经交配过，在每个寄生盒内放入寄主数为 50 头，然后移入寄生蜂 2 头，让其寄生，观察寄生情况，以出现僵蚜为寄生成功的标准；

选择生长期为 10~26d 的不同阶段的蚕豆幼苗进行试验，分别向每盆内接入蚜虫 20 头蚜虫，再经 7d 连续培养，计数蚕豆植株上蚜虫量，并计算单叶载蚜量，试验共 10 次重复，结果取平均值；

将生长期为 20d 的蚕豆苗接入 10 头、30 头、50 头和 70 头苜蓿蚜用 100 目尼龙网袋笼罩，并置于人工气候箱内继续培养至第 5 天，计数蚕豆植株上蚜虫量，并计算接蚜扩繁效率，每处理 5 次重复，结果取平均值。

④接蜂繁蜂。

模块繁蜂：在 10cm×8cm 的小花盆内培育蚕豆苗，每盆育蚕豆苗 3 株，在人工气候箱内培养蚕豆及后期接入的苜蓿蚜和茶足柄瘤蚜茧蜂，将生长期为 20d 的蚕豆苗，每株接入 20 头苜蓿蚜用 100 目尼龙网袋笼罩，再经 7d 连续培养，此时蚜虫种群数量达到 500 头/株，将初羽化的茶足柄瘤蚜茧蜂雌蜂置于混合种群，完成交尾后，再向网袋中接入茶足柄瘤蚜茧蜂雌蜂，即分别每盆蚕豆苗接入 50 头、30 头、21 头、15 头、10 头、8 头和 6 头茶足柄瘤蚜茧蜂雌蜂，24h 取出茶足柄瘤蚜茧蜂。

收集僵蚜：培养 7d 后计算茶足柄瘤蚜茧蜂僵蚜数量，用计数器随机测量 1 株蚕豆上的僵蚜量，估算总量，待茶足柄瘤蚜茧蜂出蜂后记录出蜂数，并计算单蜂贡献率，每处理10次重复。

需建立苜蓿蚜和茶足柄瘤蚜茧蜂的保种种群，保种环境条件为：温度（25±1）℃，相对湿度65%~70%，光周期 L：D＝14h：10h，定期从野外采集土著种群进行复壮。

本发明利用水培蚕豆规模化扩繁茶足柄瘤蚜茧蜂的方法还包括寄主的筛选步骤，选择茶足柄瘤蚜茧蜂优势寄生的寄主苜蓿蚜，具体筛选步骤为：

室温（25±1）℃条件下，以20%蜂蜜水为成蜂的营养来源，试验所用寄生蜂茶足柄瘤蚜茧蜂雌蜂已经交配过；在每个寄生盒内放入寄主数为50头，然后移入寄生蜂2头，让其寄生，观察寄生情况，以出现僵蚜为寄生成功的标准；试验共设4种寄主：苜蓿蚜、玉米蚜、麦长管蚜和桃蚜，8组分配方式，3次重复，具体如下。

单独提供苜蓿蚜2龄若蚜为寄主；

单独提供玉米蚜2龄若蚜为寄主；

单独提供麦长管蚜2龄若蚜为寄主；

单独提供桃蚜2龄若蚜为寄主；

同时提供苜蓿蚜2龄若蚜和麦长管蚜2龄若蚜作为寄主，各50头；

同时提供苜蓿蚜2龄若蚜和桃蚜2龄若蚜作为寄主，各50头；

同时提供玉米蚜2龄若蚜和麦长管蚜2龄若蚜作为寄主，各50头；

同时提供玉米蚜2龄若蚜和桃蚜2龄若蚜作为寄主，各50头；

茶足柄瘤蚜茧蜂对寄主有一定的选择性，在提供苜蓿蚜和玉米蚜时能被茶足柄瘤蚜茧蜂雌蜂所寄生，不能在供试的寄主麦长管蚜和桃蚜上产卵；当提供苜蓿蚜和麦长管蚜为寄主时，茶足柄瘤蚜茧蜂只集中在苜蓿蚜上表现产卵行为，对麦长管蚜无趋性；当提供苜蓿蚜和桃蚜为寄主时，茶足柄瘤蚜茧蜂只集中在苜蓿蚜上表现产卵行为，对桃蚜无趋性；当提供玉米蚜和麦长管蚜为寄主时，茶足柄瘤蚜茧蜂只集中在玉米蚜上表现产卵行为，对麦长管蚜无趋性；当提供玉米蚜和桃蚜为寄主时，茶足柄瘤蚜茧蜂只集中在玉米蚜上表现产卵行为，对桃蚜无趋性；

所述扩繁茶足柄瘤蚜茧蜂的参数组合为：选择生长期为20d带有7~8片真

叶的蚕豆幼苗，每株蚕豆接种 20~30 头待产卵的苜蓿蚜成蚜培养 5d，选择接蜂比为 1∶100 的待产卵的雌性茶足柄瘤蚜茧蜂成蜂进行繁蜂。

所述人工气候箱内的温度（25±1）℃，相对湿度 60%~70%，光周期 L∶D= 14h∶10h。

第二节　苜蓿蚜绿色防控技术实用新型专利

一、苜蓿蚜扩繁装置

本实用新型涉及昆虫饲养装置技术领域，具体涉及一种苜蓿蚜扩繁装置，主要用于苜蓿蚜的试验室扩繁。

1. 背景技术

苜蓿蚜寄生性天敌茶足柄瘤蚜茧蜂，是依赖天然寄主（苜蓿蚜）繁殖的天敌昆虫，茶足柄瘤蚜茧蜂昆虫天敌扩繁过程中，天然寄主（苜蓿蚜）使用量比较大，而目前受到天然寄主苜蓿蚜的产量和质量的限制，茶足柄瘤蚜茧蜂一直没能形成规模化生产。

蚕豆具有生物量大、生长速度快及叶面积大等特点，是苜蓿蚜人工繁殖的主要寄主植物。目前，蚕豆幼苗的培育方法主要有土培法与水培法两种。植物在生长发育过程中，水培与土培对其生长并没有本质上的区别。由于苜蓿蚜属于害虫，害虫的人工饲养需要人工隔离，而通过土培蚕豆扩繁苜蓿蚜不易于采取隔离措施。同时，蚕豆的连续种植会导致土壤酸化，进而产生蚕豆根茎部病害，使蚕豆萎蔫、倒伏、烂根及死亡，降低苜蓿蚜的扩繁速度。再者，蚜虫种群增长迅速，需要经常更换饲养用的植株材料，这样就大大增加了饲养难度。

因此，现有技术中亟须一种适用于苜蓿蚜扩繁，并能一直保证苜蓿蚜的产量和质量的苜蓿蚜扩繁装置。

2. 实用新型内容

本实用新型的目的是克服现有技术存在的不足，提供一种适用于苜蓿蚜扩繁，并能一直保证苜蓿蚜的产量和质量的苜蓿蚜扩繁装置。

本实用新型是通过以下技术方案实现的：一种苜蓿蚜扩繁装置，包括扩繁架及设置于扩繁架外侧的网罩，所述扩繁架包括架体、设置于架体不同高度上的多层升降支撑板、设置于升降支撑板底面的植物补光灯、用于调节升降支撑板高度的升降驱动调节机构及设置于升降支撑板上端的育苗盘，所述架体包括至少两根直立设置的导向支撑杆，每层所述升降支撑板均与所述导向支撑杆滑动配合连接，所述升降驱动调节机构包括连接于所述升降支撑板的左端部下方和右端部下方的两个轴承座、安装于这两个轴承座上的传动轴、连接于传动轴的一端的手轮、直立固定设置于所述架体的丝杆、设置于丝杆上的丝母及套设于丝母上并通过键与丝母连接的蜗轮，所述升降支撑板设置有纵向的通孔，所述丝杆穿设于通孔内，所述传动轴连接有蜗杆，蜗杆与所述蜗轮啮合，所述丝母的上端面与所述升降支撑板的底面之间设置有平面轴承。

所述架体的左端部和右端部直立固定设置有两根丝杆，每层所述升降支撑板均设置有两个通孔，两根所述丝杆分别穿设于升降支撑板的两个通孔内，所述丝杆于每层所述升降支撑板的下方设置有两个所述丝母，每个丝母均连接有所述蜗轮，所述传动轴连接有两个所述蜗杆，这两个所述蜗杆分别与两个所述蜗轮啮合。

所述网罩的侧面对应于手轮设置有纵向的开口，该开口处设置有拉链。

所述育苗盘包括贮液盘及设置于贮液盘内的定植网格盘，所述定植网格盘包括第一底板及设置于第一底板上的第一环形边沿，所述第一底板均匀设置有若干个通孔，所述定植网格盘的底面与所述贮液盘之间构成植物根系生长空间。

所述架体的下部设置有水箱和泵，所述贮液盘包括第二底板及设置于第二底板上的第二环形边沿，所述第二环形边沿的上部设置有进水口和溢流口，所述水箱的出水口通过泵及水管与所述贮液盘的进水口连接，所述贮液盘的溢流口通过水管与所述水箱的上端进水口连接。

所述扩繁架的下端设置有脚轮，网罩的正面设置有拉链。

本实用新型的有益效果：一是水培蚕豆苗免了土壤酸化，减轻了病害对蚕豆苗的为害，保证了蚕豆苗的质量；二是可一年四季长期连续供应寄主植物，供昆虫扩繁；三是扩繁架采用多层结构，空间利用率高，水培蚕豆苗生长整齐，生理一致，培育量大，有效提高了昆虫产量。四是本实用新型易于操作，昆虫繁殖快速，质量稳定均一，更易于推广应用。

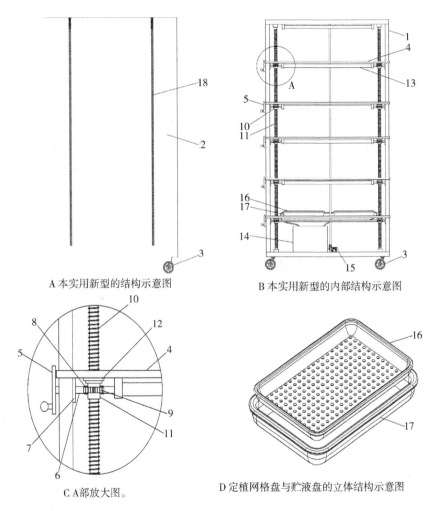

A 本实用新型的结构示意图

B 本实用新型的内部结构示意图

C A 部放大图。

D 定植网格盘与贮液盘的立体结构示意图

注：1-扩繁架；2-网罩；3-脚轮；4-升降支撑板；5-手轮；6-传动轴；7-轴承座；8-涡杆；9-蜗轮；10-丝杆；11-丝母；12-平面轴承；13-植物补光灯；14-水箱；15-泵；16-定植网格盘；17-贮液盘；18-拉链。

图 9-6　水培装置示意

3. 具体实施方式

以下结合附图对本实用新型作详细描述。

如图 9-6 所示,一种苜蓿蚜扩繁装置,包括扩繁架 1 及设置于扩繁架 1 外侧的网罩 2,扩繁架 1 包括架体、设置于架体不同高度上的多层升降支撑板 4、设置于升降支撑板 4 底面的植物补光灯 13、用于调节升降支撑板 4 高度的升降驱动调节机构及设置于升降支撑板 4 上端的育苗盘,架体包括至少两根直立设置的导向支撑杆,每层升降支撑板 4 均与导向支撑杆滑动配合连接,升降驱动调节机构包括连接于升降支撑板 4 的左端部下方和右端部下方的两个轴承座 7、安装于这两个轴承座 7 上的传动轴 6、连接于传动轴 6 的一端的手轮 5、直立固定设置于架体的丝杆 10、设置于丝杆 10 上的丝母 11 及套设于丝母 11 上并通过键与丝母 11 连接的蜗轮 9,升降支撑板 4 设置有纵向的通孔,丝杆 10 穿设于通孔内,传动轴 6 连接有蜗杆 8,蜗杆 8 与蜗轮 9 啮合,丝母 11 的上端面与升降支撑板 4 的底面之间设置有平面轴承 12。

在植物生长的过程中,通过手轮 5 调节升降支撑板 4 的高度,从而根据植物的生长需要,使上下相邻两升降支撑板 4 保持合理的间距,以在植物不断长高时,使植物补光灯 13 与植物保持合理间距。

参见图 9-6,架体的左端部和右端部直立固定设置有两根丝杆 10,每层升降支撑板 4 均设置有两个通孔,两根丝杆 10 分别穿设于升降支撑板 4 的两个通孔内,丝杆 10 于每层升降支撑板 4 的下方设置有两个丝母 11,每个丝母 11 均连接有蜗轮 9,传动轴 6 连接有两个蜗杆 8,这两个蜗杆 8 分别与两个蜗轮 9 啮合。

网罩 2 的侧面对应于手轮 5 设置有纵向的开口,该开口处设置有拉链,更便于通过手轮 5 调节升降支撑板 4 的高度。

如图 9-6 所示,育苗盘尺寸为 35cm×25cm×5cm,它包括贮液盘 17 及设置于贮液盘 17 内的定植网格盘 16,定植网格盘 16 包括第一底板及设置于第一底板上的第一环形边沿,第一底板均匀设置有若干个通孔,通孔边缘光滑,利于植物根部钻出及水分排出。定植网格盘 16 的底面与贮液盘 17 之间构成植物根系生长空间。营养液及水分均补充在贮液盘 17 中。

使用时,将泡胀的蚕豆种子平铺在垫有一层吸水纸的定植网格盘 16 中,将定植网格盘 16 放入贮液盘 17 中，贮液盘 17 中加入少许水，定植网格盘 16 上用湿润的深色棉质纱布覆盖，置于扩繁架 1 的升降支撑板 4 上进行催芽。在催芽过程中，不断加水保湿，并及时将烂蚕豆种子、未及时发芽种子挑出，以防发霉而引起其他蚕豆种子腐烂。催芽 3 天后，种子生根发芽且芽伸长至 3cm 左右时，取下定植网格盘 16 上的覆盖物，置于光照下培养。当贮液盘 17 中水位低于蚕豆根系时，加入水进行补充，待蚕豆种子长出的蚕豆芽变绿，加入配置的营养液，使营养液没过蚕豆根系。当蚕豆种子出苗 10d 后，将带有苜蓿蚜的枝叶放在蚕豆苗上，让苜蓿蚜自由转移，然后套上网罩 2。当育苗盘中的蚕豆苗有 2/3 变黄、萎蔫后，将带蚜蚕豆苗转接至新培育的蚕豆苗上，供苜蓿蚜继续取食。当苜蓿蚜从变黄的蚕豆苗全部转移到新的蚕豆苗上后，将变黄的蚕豆苗取出。

如图 9-6 所示，架体的下部设置有水箱 14 和泵 15，贮液盘 17 包括第二底板及设置于第二底板上的第二环形边沿，第二环形边沿的上部设置有进水口和溢流口，水箱 14 的出水口通过泵 15 及水管与贮液盘 17 的进水口连接，贮液盘 17 的溢流口通过水管与水箱 14 的上端进水口连接。溢流口利于快速排出多余水分，避免烂根，保证透气。贮液盘 17 采用透明材质，易于观察蚕豆苗根部生长情况。

参见图 9-6，扩繁架 1 的下端设置有脚轮 3，通过脚轮 3 可方便地将本实用新型移动至需要的位置。网罩 2 材质可选 80 目尼龙网纱，网罩 2 封闭扩繁架 1 内部空间。网罩 2 的正面设置有拉链 18，更便于观察、操作。

当然，本实用新型除了适用于扩繁苜蓿蚜，还可适用于扩繁其他蚜虫。最后应当说明的是，以上内容仅用以说明本实用新型的技术方案，而非对本实用新型保护范围的限制，本领域的普通技术人员对本实用新型的技术方案进行的简单修改或者等同替换，均不脱离本实用新型技术方案的实质和范围。

4. 权利要求

（1）一种苜蓿蚜扩繁装置，其特征在于：所述苜蓿蚜扩繁装置包括扩繁架及设置于扩繁架外侧的网罩，所述扩繁架包括架体、设置于架体不同高度上的多层升降支撑板、设置于升降支撑板底面的植物补光灯、用于调节升降支撑板高度的升降驱动调节机构及设置于升降支撑板上端的育苗盘，所述架体包括至少两根直立设置的导向支撑杆，每层所述升降支撑板均与所述导向支撑杆滑动配合连接，所述升降驱动调节机构包括连接于所述升降支撑板的左端部下方和右端部下方的两个轴承座、安装于这两个轴承座上的传动轴、连接于传动轴的一端的手轮、直立固定设置于所述架体的丝杆、设置于丝杆上的丝母及套设于丝母上并通过键与丝母连接的蜗轮，所述升降支撑板设置有纵向的通孔，所述丝杆穿设于通孔内，所述传动轴连接有蜗杆，蜗杆与所述蜗轮啮合，所述丝母的上端面与所述升降支撑板的底面之间设置有平面轴承。

（2）根据权利要求1所述的苜蓿蚜扩繁装置，其特征在于：所述架体的左端部和右端部直立固定设置有两根丝杆，每层所述升降支撑板均设置有两个通孔，两根所述丝杆分别穿设于升降支撑板的两个通孔内，所述丝杆于每层所述升降支撑板的下方设置有两个所述丝母，每个丝母均连接有所述蜗轮，所述传动轴连接有两个所述蜗杆，这两个所述蜗杆分别与两个所述蜗轮啮合。

（3）根据权利要求1所述的苜蓿蚜扩繁装置，其特征在于：所述网罩的侧面对应于手轮设置有纵向的开口，该开口处设置有拉链。

（4）根据权利要求1、2或3所述的苜蓿蚜扩繁装置，其特征在于：所述育苗盘包括贮液盘及设置于贮液盘内的定植网格盘，所述定植网格盘包括第一底板及设置于第一底板上的第一环形边沿，所述第一底板均匀设置有若干个通孔，所述定植网格盘的底面与所述贮液盘之间构成植物根系生长空间。

（5）根据权利要求4所述的苜蓿蚜扩繁装置，其特征在于：所述架体的下部设置有水箱和泵，所述贮液盘包括第二底板及设置于第二底板上的第二环形边沿，所述第二环形边沿的上部设置有进水口和溢流口，所述水箱的出水口通过泵及水管与所述贮液盘的进水口连接，所述贮液盘的溢流口通过水管与所述水箱的上端进水口连接。

（6）根据权利要求5所述的苜蓿蚜扩繁装置，其特征在于：所述扩繁架的下端设置有脚轮。

（7）根据权利要求5所述的苜蓿蚜扩繁装置，其特征在于：所述网罩的正面设置有拉链。

二、一种茶足柄瘤蚜茧蜂僵蚜田间羽化释放装置

本实用新型属于害虫生物防治应用技术领域，具体地说是涉及一种茶足柄瘤蚜茧蜂僵蚜田间羽化释放装置。

1. 背景技术

苜蓿蚜［*Aphis craccivora*（Koch）］，又称豆蚜、花生蚜，隶属于半翅目（Hemiptera），蚜科（Aphididae），在全世界广泛分布，该种蚜虫主要取食豆科植物，苜蓿蚜的繁殖能力强，年发生代数多，有一定的世代重叠性。目前，防治苜蓿蚜主要以化学防治为主，虽然化学防治见效快、杀灭彻底，但有农药残留、污染环境，对人畜和天敌造成毒害等问题越来越突出。因此，利用自然天敌控制苜蓿蚜为害的生物防治技术就显得尤为重要。

茶足柄瘤蚜茧蜂［*Lysiphlebus testaceipes*（Cresson）］属膜翅目（Hymenoptera），蚜茧蜂科（Aphidiidae），是苜蓿蚜寄生蜂的优势种。为了经济、安全、持续有效地控制苜蓿蚜的发生和为害，减少农药残留的为害，采用生物防治技术尤为重要。在利用茶足柄瘤蚜茧蜂防治苜蓿蚜的应用中，需要扩繁生产出大量的茶足柄瘤蚜茧蜂，然后将扩繁的茶足柄瘤蚜茧蜂释放，目的是让茶足柄瘤蚜茧蜂自由寻找苜蓿蚜寄生，降低苜蓿蚜虫口数量，减少防治苜蓿蚜化学农药的使用量，所以掌握田间放蜂方法，保障僵蚜羽化量及成蜂活力对防治效果至关重要。

目前，在应用茶足柄瘤蚜茧蜂防治苜蓿蚜的过程中，主要采用释放成蜂的方式，这种方式蜂体较小，收集困难；或者直接将该茶足柄瘤蚜茧蜂的僵蚜放置在植物叶片上或采用纸袋或纸杯释放，纸袋释放是把茶足柄瘤蚜茧蜂的僵蚜放在纸袋里，这样不便僵蚜羽化和成虫飞出，不防水、不稳定、不宜悬挂；敞口纸杯释放是把茶足柄瘤蚜茧蜂的僵蚜放在纸杯里，这样易被其他生物捕食，易受雨水、暴晒和风力等因素的影响，通过上述对放蜂方式的比较，认为释放僵蚜比释放成蜂的寄生率高。5—6月阴雨天较多，7月以后高温、干旱，对野外放蜂极为不利。例如通过人工繁殖于2016年9月到中国农业科学院草原研究所沙尔沁基地放蜂，当时正遇阴雨天，对茶足柄瘤蚜茧蜂活动极为不利。

环境湿度作为主要的参数因子直接影响昆虫的发育，茶足柄瘤蚜茧蜂从卵到

成虫整个发育过程均在蚜虫体内完成，因此，环境中的湿度通过蚜虫体壁间接影响其生长发育。当蚜虫体内组织被吸食殆尽时，茶足柄瘤蚜茧蜂发育至4龄幼虫期，一旦环境湿度极低，则导致烟蚜茧蜂幼虫不再向前发育，会延缓僵蚜的羽化率和幼虫的存活率，甚至死亡，进而影响茶足柄瘤蚜茧蜂的生长发育。由此可见，湿度对茶足柄瘤蚜茧蜂僵蚜羽化有重要影响。可以通过对僵蚜羽化释放装置内增加湿度，从而保障茶足柄瘤蚜茧蜂僵蚜的羽化，为释放提供大量成蜂。因此，基于上述情况，需研制出一种既能保证茶足柄瘤蚜茧蜂的羽化出蜂量和活力，又能够适用于田间大面积释放茶足柄瘤蚜茧蜂僵蚜的羽化装置。

2. 实用新型内容

本实用新型的主要目的是为了克服现有技术存在的不足，提供一种适用于田间的茶足柄瘤蚜茧蜂僵蚜田间羽化释放装置。

（1）本实用新型是通过以下技术方案实现的：一种茶足柄瘤蚜茧蜂僵蚜田间羽化释放装置，包括箱体、箱盖、铁丝网挡板和伸缩立杆；箱体是由箱壁和箱底围成的一个横截面呈长方形的腔体，在腔体的顶部设置有能够被箱盖盖合的开口，在箱盖上均匀设置有4个全透明的放大镜观察口和1个能够打开的蜂蜜注射口，铁丝网挡板把箱体分成上、下两个部分，上面2/3部分放置僵蚜羽化槽，下面1/3部分位于箱体的底部放置回形水槽，在僵蚜羽化槽的下面垫有吸水毛毡布，在箱壁上设置有外部注水口，回形水槽与外部注水口连接，在箱壁的上部设置有羽化出蜂孔，在箱体的底部设置有用于支撑箱体的伸缩立杆。

箱体是透明箱体，箱盖是透明箱盖。在僵蚜羽化槽内位于蜂蜜注射口的下方设置有一团棉花。在僵蚜羽化槽上布置有僵蚜托板，在僵蚜托板的底面均布有若干通孔，通孔能够用于透湿气，在僵蚜托板上铺设有一层纱网，纱网能够避免虫从通孔漏下。

在箱体的一侧箱壁上设置有4个外部注水口，在箱体的四个角均设置有通风网孔。羽化出蜂孔是孔径为5.0mm的圆形羽化出蜂孔，羽化出蜂孔能够兼具透气功能。

透明箱盖可以很好的避免雨水以及高温暴晒对僵蚜苗以及僵蚜所产生的不利影响，并提供适宜光照。在箱盖上设置4个放大镜观察口，采用高透明材料、带放大镜的结构设计，便于实时观察羽化情况，实现可视化的目的，免开观察口，减少对僵蚜羽化的干扰。同时在箱体顶部设有可打开的蜂蜜注射口，用注射器伸入蜂蜜注射口内，将蜂蜜注射至棉花上，能够对羽化成蜂进行适当的营养补充。

透明箱体为横截面为长方形的中空结构，箱体内部分成两个部分，底下的 1/3 部分是水槽，上面的 2/3 则是用来放置僵蚜羽化槽，水槽为储水蒸发槽可以保障羽化湿度，吸水毛毡布可以起到辅助加湿的作用，布上僵蚜托板，上铺纱网，其中箱体一侧外部设有 4 个外部注水孔，方便控制湿度，箱体的 4 个角设有通风网孔。在箱侧壁面上开有 5.0mm 的羽化出蜂孔，使得羽化的茶足柄瘤蚜茧蜂飞出寻找寄主，避免其他捕食性天敌进入。

伸缩立杆作为可伸缩的箱体支撑架，其结构形式及空间高度设置与蚜茧蜂的寄生习性相适应，为羽化后的蚜茧蜂飞出装置寻找苜蓿蚜寄生提供了便利，不会因为提供保护而导致对其寄生过程造成任何障碍。

（2）本实用新型的有益效果是：本实用新型是一种关于豆科植物重要害虫苜蓿蚜的优势天敌茶足柄瘤蚜茧蜂田间释放装置，适合放置茶足柄瘤蚜茧蜂僵蚜在田间正常羽化、释放，从而起到控制苜蓿蚜田间种群数量和为害的目的。本实用新型中的茶足柄瘤蚜茧蜂僵蚜田间羽化释放装置可对箱内湿度进行调控，有效避免茶足柄瘤蚜茧蜂僵蚜在羽化过程中受到外界不利因素雨水、风力、温度的影响，满足茶足柄瘤蚜茧蜂僵蚜羽化所需要的湿度，为僵蚜羽化提供良好环境，提高茶足柄瘤蚜茧蜂僵蚜羽化出蜂率，刚羽化出来的茶足柄瘤蚜茧蜂可以在羽化释放装置中得到适当的休息和营养补充，提高茶足柄瘤蚜茧蜂活力及控害效果。确保茶足柄瘤蚜茧蜂能正常羽化飞出到田间发挥作用。

本实用新型中的茶足柄瘤蚜茧蜂僵蚜田间羽化释放装置还具有如下优点：一是通过回形水槽及吸水毛毡布对箱内进行保湿，满足茶足柄瘤蚜茧蜂僵蚜羽化所需要的湿度，为僵蚜羽化提供良好环境；二是刚羽化出来的茶足柄瘤蚜茧蜂可以在设有蜂蜜水饲喂装置中得到适当的休息和营养补充，提高茶足柄瘤蚜茧蜂活力及控害效果；三是箱盖设 4 个免开观察口，观察口配备放大镜功能盖子，便于实时观察羽化情况，实现可视化的目的，免开观察系统，减少对僵蚜羽化的干扰；四是该装置内的小气候环境更接近自然环境，具有较好透气、防雨、遮阳、保湿功能，更利于茶足柄瘤蚜茧蜂僵蚜的羽化、并能保证茶足柄瘤蚜茧蜂的羽化出蜂量和活力；五是伸缩立杆，根据防治植物的高度，进行箱体高度的调节，携带方便；六是密封环境避免捕食性天敌对僵蚜的破坏，防治害虫的效果大幅提高；七是操作简单、使用方便、经济环保、可以重复使用、易于搬迁拆装，是一种防治效果更优的生物防治装置。

3. 具体实施方式

以下结合附图对本实用新型作详细描述。

如图9-7至图9-9所示，一种茶足柄瘤蚜茧蜂僵蚜田间羽化释放装置，包括箱体、箱盖1、铁丝网挡板和伸缩立杆2；箱体是由箱壁3和箱底4围成的一个横截面呈长方形的腔体，在腔体的顶部设置有能够被箱盖1盖合的开口，在箱盖1上均匀设置有4个全透明的放大镜观察口5和1个能够打开的蜂蜜注射口6，铁丝网挡板把箱体分成上、下两个部分，上面2/3部分放置僵蚜羽化槽，下面1/3部分位于箱体的底部放置回形水槽7，在僵蚜羽化槽的下面垫有吸水毛毡布8，在箱壁3上设置有外部注水口9，回形水槽7与外部注水口9连接，在箱壁3的上部设置有羽化出蜂孔10，在箱体的底部设置有用于支撑箱体的伸缩立杆2。

箱体是透明箱体，箱盖1是透明箱盖1。在僵蚜羽化槽内位于蜂蜜注射口6的下方设置有一团棉花11。在僵蚜羽化槽上布置有僵蚜托板12，在僵蚜托板12的底面均布有若干通孔，在僵蚜托板12上铺设有一层纱网13。在箱体的一侧箱壁3上设置有4个外部注水口9，在箱体的四个角均设置有通风网孔。羽化出蜂孔10是孔径为5.0mm的圆形羽化出蜂孔10。

最后应当说明的是，以上内容仅用以说明本实用新型的技术方案，而非对本实用新型保护范围的限制，本领域的普通技术人员对本实用新型的技术方案进行的简单修改或者等同替换，均不脱离本实用新型技术方案的实质和范围。

三、茶足柄瘤蚜茧蜂扩繁装置

1. 背景技术

茶足柄瘤蚜茧蜂是苜蓿蚜的寄生性天敌昆虫。茶足柄瘤蚜茧蜂的天敌扩繁过程中，茶足柄瘤蚜茧蜂使用量较大，而由于目前缺少茶足柄瘤蚜茧蜂的试验室扩

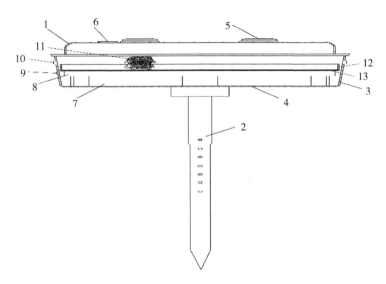

1-箱盖；2-伸缩立杆；3-箱壁；4-箱底；5-放大镜观察口；6-蜂蜜注射口；7-回形水槽；8-吸水毛毡布；9-外部注水口；10-羽化出蜂孔；11-棉花；12-僵蚜托板；13-纱网。

图 9-7　僵蚜田间羽化释放装置剖面结构示意

繁装置，其繁殖、扩繁受到产量和质量的限制，一直没能规模化养殖。茶足柄瘤蚜茧蜂是苜蓿蚜的优势寄生性天敌，具有良好的生物防治利用前景。为有效利用该天敌，以苜蓿蚜作为繁蜂寄主，围绕寄主植物筛选、最佳接蜂比例、接种时机等技术环节，改进茶足柄瘤蚜茧蜂扩繁装置，同时结合温度和光周期对茶足柄瘤蚜茧蜂的滞育诱导及滞育生理研究，完善茶足柄瘤蚜茧蜂人工扩繁及滞育储藏的基础研究，为茶足柄瘤蚜茧蜂大规模繁殖及利用提供理论参考和技术支撑。

苜蓿蚜以豆科植物为主要寄主，为害的植物可达 200 余种，随着苜蓿蚜为害区域的扩张，苜蓿蚜为害还在不断扩大。苜蓿蚜除以刺吸式口器吸取嫩茎、幼芽、叶、花柄等部位的汁液造成的为害外，还会分泌大量蜜露污染叶片，传播40 余种植物病毒病，严重影响植物的产量和品质，给农林业生产带来极大的损失，近几年，苜蓿蚜几乎连年大发生造成直接经济损失达 1 300 多万元。青海省西宁地区苜蓿蚜大面积发生，虫株率50%以上，在内蒙古地区苜蓿蚜对苜蓿、羊

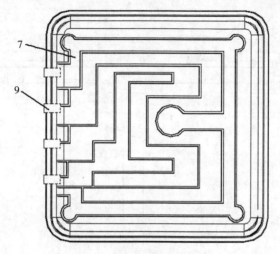

图 9-8　回形水槽隔板分布

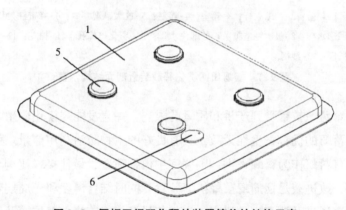

图 9-9　僵蚜田间羽化释放装置箱盖的结构示意

柴、沙打旺等防风固沙植物也造成了严重危害。对苜蓿的为害减产 41.3% ~
50.5%。长期以来人们一直采用喷洒化学农药的方法防治苜蓿蚜，但由于苜蓿蚜
个体微小、繁殖能力强、世代重叠严重，并已对合成菊酯和有机磷类农药产生抗
药性，对其他天敌有杀伤，致使苜蓿蚜再猖獗，鉴于苜蓿蚜为害日趋严重，研究
减少化学农药的使用、对环境无污染、有效防治苜蓿蚜的措施有着重要的现实
意义。

应用天敌昆虫对害虫进行生物防治具有较好的防治效果，苜蓿蚜的天敌种类有 20 多种，寄生性天敌昆虫茶足柄瘤蚜茧蜂对苜蓿蚜具有一定的控制作用，茶足柄瘤蚜茧蜂是苜蓿蚜的优势寄生性天敌，野外寄生率较高，对控制苜蓿蚜为害有重要作用。但在自然条件下，茶足柄瘤蚜茧蜂比苜蓿蚜发生晚，常是在蚜虫发生高峰期之后才大量出现，而对后期蚜量有一定控制作用。在苜蓿蚜为害早期或密度较低时，采用增补式释放人工繁殖的茶足柄瘤蚜茧蜂，增加田间天敌的种群数量，可以有效防治苜蓿蚜虫为害。

茶足柄瘤蚜茧蜂寄生寄主苜蓿蚜虫种群增长迅速，需要经常更换饲养用的植株材料，这样就大大增加了饲养难度。因此，现有技术中亟须一种适用于茶足柄瘤蚜茧蜂扩繁，并利于保证茶足柄瘤蚜茧蜂扩繁的产量和质量的饲养装置。

2. 实用新型内容

本实用新型的目的是为了克服现有技术存在的不足，提供一种适用于茶足柄瘤蚜茧蜂扩繁，并利于保证茶足柄瘤蚜茧蜂扩繁的产量和质量的茶足柄瘤蚜茧蜂扩繁装置。

本实用新型是通过以下技术方案实现的：一种茶足柄瘤蚜茧蜂扩繁装置，包括扩繁架及放置于扩繁架上的多个扩繁网箱，所述扩繁架包括底板、设置于底板下端的脚轮、设置于底板上的四根立柱、连接于这些立柱顶端的顶板及立柱在底板与顶板之间连接的中层板，所述立柱在所述中层板与所述底板之间通过导向套筒连接有升降架，所述立柱在所述顶板与所述中层板之间通过导向套筒也连接有升降架，两个所述升降架的下端均设置有植物补光灯，所述扩繁架设置有用于驱动两个所述升降架升降的两个升降驱动机构，所述底板、所述中层板上均设置有所述扩繁网箱。

所述升降驱动机构包括安装于所述扩繁架侧面的手摇器、所述扩繁架侧面于所述手摇器的上方设置的转角器及所述扩繁架于所述升降架的上方设置的顶座，所述手摇器连接有钢丝绳，该钢丝绳依次通过转角器、顶座与所述升降架的顶端连接。

所述扩繁网箱包括网罩及设置于网罩外侧的立方体支架，所述立方体支架由多根钢柱通过角部连接件连接而成，所述网罩的边侧对应于所述立方体支架的钢柱设置有多个连接套，所述钢柱穿设于相应的连接套内。

所述网罩的前侧开口处设置有前门帘，前门帘的下侧与所述网罩缝合，前门帘的左侧、上侧及下侧与所述网罩之间均设置有拉链，所述前门帘设置有捕虫口，前门帘于捕虫口的外侧设置有软质网筒。

所述网罩的顶部设置有多个通孔，这些通孔中均设置有蜜筒，蜜筒向下伸入所述网罩内，蜜筒的上端于所述网罩的上方设置有卡沿，蜜筒的下端于所述网罩内设置有饲喂绳。

本实用新型的有益效果是：本实用新型结构合理，易于操作，可为茶足柄瘤蚜茧蜂扩繁提供利于条件，空间利用率高，培育量大，可一年四季进行昆虫扩繁，有效提高了昆虫产量，昆虫繁殖快速，质量稳定均一，易于推广应用。

3. 具体实施方式

如图9-10（a）所示，一种茶足柄瘤蚜茧蜂扩繁装置。包括扩繁架1及放置于扩繁架1上的多个扩繁网箱12，扩繁架1包括底板2、设置于底板2下端的脚轮3、设置于底板2上的四根立柱4、连接于这些立柱4顶端的顶板22及立柱4在底板2与顶板22之间连接的中层板21，立柱4在中层板21与底板2之间通过导向套筒7连接有升降架5，立柱4在顶板22与中层板21之间通过导向套筒7也连接有升降架5，两个升降架5的下端均设置有植物补光灯6，扩繁架1设置有用于驱动两个升降架5升降的两个升降驱动机构，底板2、中层板21上均设置有扩繁网箱12。

试验室扩繁茶足柄瘤蚜茧蜂的过程中，将种植有蚕豆苗的种植盆放入扩繁网箱12内，在蚕豆苗上接苜蓿蚜，将茶足柄瘤蚜茧蜂放入扩繁网箱12内，使蚕豆苗、苜蓿蚜及茶足柄瘤蚜茧蜂在扩繁网箱12内正常生长，茶足柄瘤蚜茧蜂寄生苜蓿蚜。通过调节植物补光灯6的高度，可保证在植物获得充足光照的情况下，不至于光照太强，影响苜蓿蚜的正常生长。

其中，升降驱动机构包括安装于扩繁架1侧面的手摇器10、扩繁架1侧面于手摇器10的上方设置的转角器9及扩繁架1于升降架5的上方设置的顶座8，手摇器10连接有钢丝绳11，该钢丝绳11依次通过转角器9、顶座8与升降架5的顶端连接。

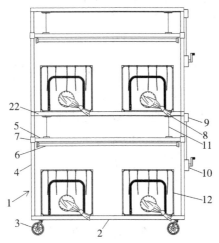

（a）本实用新型的整体结构示意图

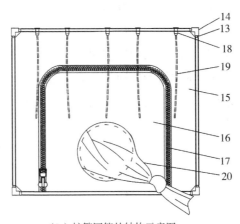

（b）扩繁网箱的结构示意图

1-扩繁架；2-底板；3-脚轮；4-立柱；5-升降架；6-植物补光灯；7-导向套筒；8-顶座；9-转角器；10-手摇器；11-钢丝绳；12-扩繁网箱；13-钢柱；14-角部连接件；15-网罩；16-前门帘；17-拉链；18-蜜筒；19-饲喂绳；20-软质网筒；21-中层板；22-顶板。

图9-10　结构示意图

如图9-10（b）所示，扩繁网箱12包括网罩15及设置于网罩15外侧的立方体支架，立方体支架由多根钢柱 13 通过角部连接件 14 连接而成，网罩 15 的边侧对应于立方体支架的钢柱 13 设置有多个连接套，钢柱 13 穿设于相应的连接套内。

网罩 15 的前侧开口处设置有前门帘 16，前门帘 16 的下侧与网罩 15 缝合，前门帘 16 的左侧、上侧及下侧与网罩 15 之间均设置有拉链 17，前门帘 16 设置有捕虫口，前门帘 16 于捕虫口的外侧设置有软质网筒 20。

拉开拉链 17，打开前门帘 16，即可将种植有蚕豆苗的种植盆、苜蓿蚜及茶足柄瘤蚜茧蜂放入扩繁网箱 12 内，拉上拉链 17，即可关闭网罩 15 的前侧开口，操作方便。正常状态下，将软质网筒 20 打结系住，需要将茶足柄瘤蚜茧蜂抓出研究时，解开软质网筒 20 的结，将手伸入扩繁网箱 12 内抓虫即可。

网罩 15 的顶部设置有多个通孔，这些通孔中均设置有蜜筒 18，蜜筒 18 向下伸入网罩 15 内，蜜筒 18 的上端于网罩 15 的上方设置有卡沿，蜜筒 18 的下端于网罩 15 内设置有饲喂绳 19。向蜜筒 18 中放入蜂蜜，蜂蜜向下流并附着在饲喂绳 19 上，供茶足柄瘤蚜茧蜂取食。

最后应当说明的是，以上内容仅用以说明本实用新型的技术方案，而非对本实用新型保护范围的限制，本领域的普通技术人员对本实用新型的技术方案进行的简单修改或者等同替换，均不脱离本实用新型技术方案的实质和范围。

英文缩略表

英文缩写	英文全称	中文名称
ACTB_ G1	actin beta /gamma 1	肌动蛋白 β/γ1
AGM	agmatine	胍丁胺
ALDO	aldolase	醛缩酶
BP	Biological process	生物过程
CC	Cellular component	细胞成分
COX I	cytochrome c oxidase subunit I	细胞色素 C 氧化酶亚基 I
CSPs	chemosensory protein	化学感受蛋白
CTSB	cathepsin B	组织蛋白酶 B
CTSD	cathepsin D	组织蛋白酶 D
CTSL	cathepsin L	组织蛋白酶 L
CYP	cytochrome P450	细胞色素 P450
ELOVL	elongase of very long chain fatty acid	超长链脂肪酸延伸酶
FA	Fatty Acids	脂肪酸类
FABP	fatty acid-binding protein	脂肪酸结合蛋白
FAS	fatty acid synthase	脂肪酸合成酶
FASN	Fatty acid synthase	脂肪酸合成酶
FC	Fold Change	差异倍数
GAPDH	glyceraldehyde-3-phosphate dehydrogenase	甘油醛-3-磷酸脱氢酶

（续表）

英文缩写	英文全称	中文名称
GDH	Glutamate dehydrogenase	谷氨酸脱氢酶
GK	Glycerol kinase	甘油激酶
GL	Glycerolipids	甘油酯类
GP	Glycerophospholipids	甘油磷脂类
GPCRs	G protein-coupled receptors	G 蛋白偶联受体
GYS	glycogen synthase	糖原合酶
IDH	isocitrate dehydrogenase	异柠檬酸脱氢酶
IRAK1	interleukin 1 receptor-associated kinase 1	白细胞介素 1 受体相关激酶 1
iTRAQ	isobaric tags for relative and absolute quantitation	同位素标记相对和绝对定量
JNK	c-Jun N-terminal kinase	c-Jun 氨基末端激酶
KAR	β-ketoacyl-ACP reductase	β-酮脂酰-ACP 还原酶
LPA	lysobisphosphatidic acids	溶血磷脂酸
LPC	lysophosphatidylcholine	溶血磷脂酰胆碱
LPE	lysophosphatidylethanolamine	溶血磷脂酰乙醇胺
LPI	lysophosphatidylinositols	溶血磷脂酰肌醇
LPS	lysophosphatidylserine	溶血磷脂酰丝氨酸
MDH	malate dehydrogenase45	苹果酸脱氢酶
MF	Molecular Function	分子功能
NDUFS3	NADH dehydrogenase（ubiquinone）Fe-S protein 3	NADH 脱氢酶（泛醌）铁硫蛋白 3
ND1	NADH-ubiquinone oxidoreductase chain 1	NADH-泛醌氧化还原酶链 1
NLK	neuroleukin	神经白细胞素
OBPs	odorant binding protein	气味结合蛋白
ORs	olfactory receptor	气味受体
PC	1,2-diacyl-sn-glycero-3-phosphocholine	磷脂酰胆碱
PE	phosphatidyl ethanolamine	磷脂酰乙醇胺

英文缩写	英文全称	中文名称
PEPCK	Phosphoenolpyruvate carboxykinase	磷酸烯醇式丙酮酸羧激酶
PFK	phosphofructo kinase	磷酸果糖激酶
PGAM	phosphoglycerate mutase	磷酸甘油酸变位酶
PGK	phosphoglycerate kinase	磷酸甘油酸激酶
PK	Polyketides	多聚乙烯类
PKB/Akt	protein kinase B	激活蛋白激酶 B
POLD1	Polymerase delta catalytic subunit 1	DNA 聚合酶 δ 催化亚基 1
Rac1	ras-related C3 botulinum toxin substrate 1	Ras 相关的 C3 肉毒素底物 1
SCD	Stearoyl-CoA desaturase	硬脂酰辅酶 A 脱氢酶
SL	Saccharolipids	糖脂类
SP	Sphingolipids	鞘脂类
ST	Sterol Lipids	固醇脂类
TLR	toll-like receptor	toll 样受体
TreH	trehalase	海藻糖酶
TreS	Trehalose 6-phosphate synthase	海藻糖合酶
UGT	UDP-glucuronosyltransferase	尿苷二磷酸糖基转移酶
UQCRFS1	ubiquinolcytochrome c reductase, Rieske iron-sulfur polypeptide 1	泛醌细胞色素 C 还原酶-Rieske 铁硫肽样 1
VIP	Variable Importance in the Projection	变量投影重要度
	2-dimensional gel electrophoresis	双向凝胶电泳 2DGE

主要参考文献

安涛, 张洪志, 韩艳华, 等, 2017. 烟蚜茧蜂滞育关联基因的转录组学分析 [J]. 中国生物防治学报, 33 (5): 604-611.

曹晨霞, 韩琬, 张和平, 2016. 第三代测序技术在微生物研究中的应用 [J]. 微生物学通报, 43 (10): 2269-2276.

陈贤为, 徐枢枢, 赵越超, 等, 2015. 支链脂肪酸酯 [J]. 肿瘤代谢与营养电子杂志, 2 (4): 25-28.

董帅, 2012. 基于转录组学的小菜蛾脑神经肽的鉴定与表达规律研究 [D]. 杭州: 浙江大学.

高雪珂, 2019. 棉蚜茧蜂调控棉蚜生长发育及生理代谢研究 [D]. 北京: 中国农业科学院.

葛婧, 任金龙, 赵莉, 2014. 意大利蝗越冬卵游离氨基酸变化研究 [J]. 新疆农业科学, 51 (10): 1840-1844.

郭雪娜, 诸葛斌, 诸葛键, 2002. 甘油代谢中甘油激酶的研究进展 [J]. 微生物学报, 42 (4): 510-513.

和小明, 2006. 磷脂的营养作用及生理调控功能 [J]. 饲料博览 (63): 7-40.

贺华良, 宾淑英, 吴仲真, 等, 2012. 基于 Solexa 高通量测序的黄曲条跳甲转录组学研究 [J]. 昆虫学报, 55 (1): 1-11.

黄凤霞, 蒋莎, 任小云, 等, 2015. 烟蚜茧蜂脂代谢相关的滞育相关蛋白差异表达分析 [J]. 中国生物防治学报, 31 (6): 811-820.

黄海广，2012. 茶足柄瘤蚜茧蜂扩繁技术的基础性研究［D］. 呼和浩特：内蒙古农业大学.

江波，江林涌，周汉良，2002. 磷脂酸和溶血磷脂酸的生理功能［J］. 生理科学进展（2）：159-162.

李良铸，李明晔，2006. 现代生化药物生产关键技术［M］. 北京：化学工业出版社.

廖成武，2018. 斑痣悬茧蜂化学感受基因鉴定、组织表达谱及体外表达的研究［D］. 镇江：江苏科技大学.

刘兴龙，李新民，刘春来，等，2009. 大豆蚜研究进展［J］. 中国农学通报，25（14）：224-228.

刘遥，张礼生，陈红印，等，2014. 苹果酸脱氢酶与异柠檬酸脱氢酶在滞育七星瓢虫中的差异表达［J］. 中国生物防治学报，30（5）：593-599.

刘莹，王娜，张赟，等，2012. 五种鳞翅目害虫中抗药性相关基因的转录组学分析［J］. 应用昆虫学报，49（2）：317-323.

刘柱东，龚佩瑜，吴坤君，等，2004. 高温条件下棉铃虫化蛹率、夏滞育率和蛹重的变化［J］. 昆虫学报，47（1）：14-19.

马春艳，郭丽丽，梁前进，等，2002. 双酚-A 和 17β-雌二醇对人乳腺癌细胞生长的影响［J］. 中国环境科学（5）：25-28.

倪张林，2001. 利用突变研究叶绿体 ATP 合酶 ε 亚基的结构与功能［C］. 全国植物光合作用，光生物学及其相关的分子生物学学术研讨会论文摘要汇编. 中国植物生理学会，中国植物学会，中国生物物理学会：126.

申光茂，豆威，王进军，2014. 橘小实蝇羧酸酯酶基因 *BdCAREB*1 的克隆及其表达模式解析［J］. 中国农业科学（10）：1947-1955.

孙程鹏，2018. 茶足柄瘤蚜茧蜂人工繁育及滞育特性的研究［D］. 呼和浩特：内蒙古农业大学.

特木尔布和，乌日图，金小龙，等，2005. 蚜虫对苜蓿为害的初步研究［J］. 内蒙古草业，17（4）：56-59.

王镜岩，朱圣庚，徐长法，2008. 生物化学教程［M］. 北京：高等教育出版社.

王启龙，万华星，姚金美，2012. 低温冷藏提高家蚕滞育卵 NAD 含量和胞质苹果酸脱氢酶活性［J］. 昆虫学报，55（9）：1031-1036.

王荫长，2001. 昆虫生物化学［M］. 北京：中国农业出版社.

吴大洋，1989. 不同冷藏温度对家蚕卵磷脂量的影响［J］. 西南农业大学学报（5）：516-518.

熊资，杨永录，胥建辉，等，2016. 胍丁胺对大鼠应激性体温升高的抑制作用［J］. 中国应用生理学杂志，32（3）：270-273.

徐晓红，2011. 核糖体蛋白 L13 与癌基因 MDM2 介导的 p53 之间关系及其生物学功能的研究［D］. 上海：华东师范大学.

许再福，2009. 普通昆虫学［M］. 北京：科学出版社.

张洪志，高飞，刘梦姚，等，2018. 近十年全球小型寄生蜂滞育研究的新进展［J］. 环境昆虫学报，40（1）：82-91.

张礼生，2009. 滞育和休眠在昆虫饲养中的应用：天敌昆虫饲养系统工程［C］. 北京：中国农业科学院技术出版社.

郑娟霞，陈文宁，杨莉，等，2019. 浅谈氨基酸对乌骨鸡黑色素沉积的影响［J］. 江西饲料（6）：3-4.

朱宇，2015. 蝶蛹金小蜂寄生对寄主转录组的影响及三种毒蛋白分子特性分析［D］. 杭州：浙江大学.

Colinet H, Renault D, Charoyguevel B, et al, 2012. Metabolic and proteomic profiling of diapause in the aphid parasitoid Praon volucre. *PLo S ONE*, 7 (2)：e23606.

De Wit P, Pespeni M H, Ladner J T, et al, 2012. The simple fool's guide to population genomics via RNA – Seq：an introduction tohigh – throughput sequencing data analysis［J］. *Molecular Ecology Resources*，12：1058 –1067.

Fang Q, Wang L, Zhu J Y, et al, 2010. Expression of immune-response genes in lepidopteran host is suppressed by venom from an endoparasitoid, Pteromalus puparum［J］. *BMC Genomics*，11：44，484.

Hunter S J, Glenn P A, 1909. Influence of climate on the green bug and its parasite [M]. State Printing Office.

Michaud M R, Denlinger D L, 2006. Oleic acid is elevated in cell membranes during rapid cold-hardening, and pupal diapause in the flesh fly, *Sarcophaga crassipalpis* [J]. Journal of Insect Physiology, 52 (10): 1073-1082.

Papura D, Jacquot E, Dedryver C A, et al, 2002. Two-dimensional electrophoresis of proteins discriminates aphid clones of Sitobion avenae differing in BYDV-PAV transmission [J]. Arch virol, 147 (10): 1881-1898.

Poelchau M F, Reynolds J A, Elsik C G, et al, 2013. RNA-Seq reveals early distinctions and late convergence of gene expression between diapause and quiescence in the Asian tiger mosquito, *Aedes albopictus* [J]. *J. Exp. Biol.* , 216 (Pt 21): 4082-4090.

Rodrigues S M M, Bueno V H P, 2001. Parasitism Rates of *Lysiphlebus testaceipes* (Cresson) (Hym.: Aphidiidae) on *Schizaphis graminum* (Rond.) and *Aphis gossypii* Glover (Hem: Aphididae) [J]. Neotropical Entomology, 30 (4): 625-629.

Silva R J, Bueno V H, Sampaio M V, 2008. Quality of different aphids as hosts of the parasitoid Lysiphlebus testaceipes (Hymenoptera: Braconidae, Aphidiinae) [J]. Neotropical Entomology, 37 (2): 173-179.

Starks D B, Giles K L, Berberet R C, et al, 1972. Functional Responses of an Introduced Parasitoid and an Indigenous Parasitoid on Greenbug at Four Temperatures [J]. Environmental Entomology, 32 (3): 650-655.

Wang L, Fang Q, Qian C, et al, 2013. Inhibition of host cell encapsulation through inhibiting immune gene expression by the parasitic wasp venom calreticulin [J]. *Insect Biochemistry and Molecular Biology*, 43 (10): 936-946.

茶足柄瘤蚜茧蜂
Lysiphlebus testaceipes

黑带食蚜蝇
Epistrophe balteata

食虫齿爪盲蝽
Deraeocorispunctulatus

中华通草蛉
Chrysoperla sinica

苜蓿蚜天敌

多异瓢虫
Hippodamiavariegate

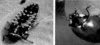

异色瓢虫
Harmonia axyridis

七星瓢虫
Cocinelaseptempunctata

龟纹瓢虫
Propylaea japonica

苜蓿蚜虫优势天敌

水培寄主植物

土培寄主植物

田间寄主植物培育

不同寄主植物筛选及适合性评价试验

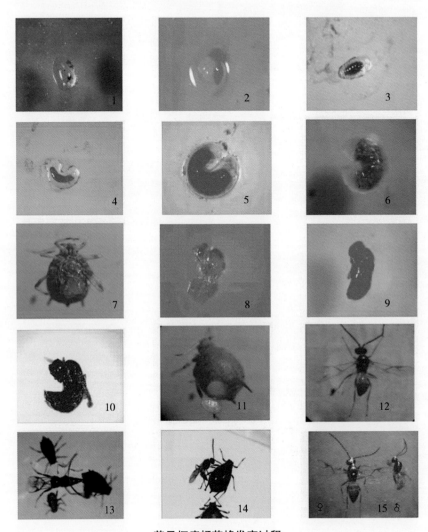

茶足柄瘤蚜茧蜂发育过程

沙尔沁基地苜蓿饲养苜蓿蚜　　　茶足柄瘤蚜茧蜂笼罩释放

田间不同寄主的评价试验

茶足柄瘤蚜茧蜂室内扩繁试验